油田企业岗位技能操作标准化培训教程

集　输　工

刘　勇◎主编

中国石化出版社

图书在版编目（CIP）数据

集输工／刘勇主编．—北京：中国石化出版社，2021.5
油田企业岗位技能操作标准化培训教程
ISBN 978-7-5114-6277-0

Ⅰ．①集… Ⅱ．①刘… Ⅲ．①油气集输-技术培训-教材 Ⅳ．①TE866

中国版本图书馆 CIP 数据核字（2021）第 090567 号

中国石化出版社出版发行
地址：北京市东城区安定门外大街 58 号
邮编：100011　电话：(010)57512500
发行部电话：(010)57512575
http://www.sinopec-press.com
E-mail:press@sinopec.com
北京柏力行彩印有限公司印刷
全国各地新华书店经销
*
787×1092 毫米 16 开本 14.75 印张 366 千字
2021 年 6 月第 1 版　2021 年 6 月第 1 次印刷
定价：88.00 元

前　　言

当前，中国石化西北油田分公司（以下简称“西北油田”）已迈入持续高质量发展的新征程。在改革发展的新起点、新征程上，人才是促进产业经济发展最重要的资源，因此要走好高质量发展之路，就必须对涵养好人才这一“源头活水”提出更高的要求。

为持续推进西北油田人才供给侧改革，全面实施人才强企工程和“3367”人才培养工程，本书为满足西北油田员工培训、职业技能鉴定、职业技能竞赛、验证式考核的实际需求，结合西北油田技能人才队伍建设规划，人力资源部及西北石油职业技能鉴定站以通用性、技术性、先进性、安全性、可操作性为原则，组织采油一厂、采油二厂、采油三厂、雅克拉采气厂编写了《油田企业岗位技能操作标准化培训教程》，对进一步提高技能操作人员专业知识和专业能力，打造一支适应新形式下油公司发展目标的技能人才队伍，不断提升技能人才能力素质，具有较强的现场实际操作性指导作用。

本书的编写以“国家石油石化行业职业资格标准”为依据，同时结合西北油田现场生产运行、装备技术更新等实际情况，与公开出版的《石油石化职业技能培训教程》保持一致。培训教程内容包含初级工、中级工、高级工各级别操作标准，既可以用于员工岗前技能培训，也可用于职业技能鉴定和自我技能水平提升。

本书在编写过程中得到了西北油田各级领导的关心关怀以及各单

位的大力支持和帮助，尤其是毛谦明、刘勇、蔡晶、刘开兴、李新、张海等同志提出了大量的指导建议。同时，也得到了许多关心和支持西北油田技能操作人才队伍建设和发展的同仁的鼓励和宝贵意见，有力地保证了本书的编撰，在此一并表示衷心的感谢！

由于编写人员水平有限，加之时间仓促，书中难免存在不妥之处，敬请广大读者批评指正。

目　　录

初　级　工

中　级　工

高　级　工

初级工

一、分离器巡检操作

1. 考核要求

(1) 必须穿戴劳动保护用品。
(2) 工具、量具、用具准备齐全，正确使用。
(3) 操作规程符合安全文明操作。
(4) 按规定完成操作项目，质量达到技术要求。
(5) 操作完毕，做到“工完、料净、场地清”。

2. 准备要求

(1) 设备准备：

序 号	名 称	规 格	数 量	备 注
1	分离器(三相、两相)		1台	

(2) 材料准备：

序 号	名 称	规 格	数 量	备 注
1	大布		若干	
2	手套		若干	
3	报表		1张	
4	笔		1支	

(3) 工具、用具准备：

序 号	名 称	规 格	数 量	备 注
1	四合一气体检测仪		1台	
2	正压式呼吸器		1套	硫化氢井(站)
3	F扳手		1把	
4	对讲机		1部	

3. 操作程序说明

1) 检查工具、用具、量具
(1) 检查各工具、用具及量具的可用性，须符合本次操作使用要求。
(2) 按正压式空气呼吸器检查标准检查。
(3) 检查四合一检测仪有无合格证、校验标签是否在有效期内，归零检测。

2）检查分离器流程

（1）分离器运行过程中每2h进行一次巡检。

（2）检查分离器流程，无“跑、冒、滴、漏”现象，各阀门的开关状态正常。

（3）检查分离器本体、静电接地完好，进出口压力、温度在规定范围内。

（4）检查安全阀连接应无“跑、冒、滴、漏”现象。

（5）检查安全阀校验铭牌在有效期内，铅封是否完好，本体有无破损裂痕，根部阀全开。

（6）检查温度计在有效期内，铅封是否完好，表壳有无破损裂痕，刻度是否清晰，指针有无松动现象。

（7）检查压力表在有效期内，量程在1/3～2/3之间，铅封是否完好，表壳有无破损裂痕，刻度是否清晰，指针有无松动现象。

（8）检查分离器液位在液位计的1/2～2/3之间；确认液位计通畅，排污阀完好；口述在冬季生产时，检查加热系统工作正常。

3）填写报表，清洁现场，回收工具

（1）记录参数，填写数据，字迹应正确、完整、清晰、无涂改。

（2）记录分离器进出口压力、温度（包括气相和液相）。

（3）记录分离器液位（包括气、油、水的液位）。

4. 考核规定说明

（1）如发现操作过程中可能发生重大违章（如人身伤害、环境污染、设备损坏等），将取消操作。

（2）考核采用百分制，考核项目得分按鉴定比重进行折算。

（3）考核方式说明：本项目为实际操作题，考核过程按评分标准及操作过程进行评分。

（4）考评技能说明：本项目主要测试考生对分离器巡检技能掌握的熟练程度。

5. 考核时限

（1）准备工作：1min（不计入考核时间）。

（2）正式操作时间：10min。

（3）提前完成操作不加分，到时终止操作考核。

6. 评分记录表

分离器巡检操作评分记录表

操作时间：10min　　考生：　　操作用时：

序号	考核内容	操作规程	评分要素	评分标准	配分	扣分	得分
1	准备	1. 穿戴好劳动保护用品； 2. 准备工具：四合一气体检测仪、正压式呼吸器（硫化氢井站）、报表、笔、大布、手套、F扳手、对讲机	准备工具、量具、用具	1. 劳保穿戴不整齐扣5分； 2. 未准备工具扣5分，多、少一件扣1分； 3. 未检查四合一检测仪扣5分，少检查一项扣2分； 4. 未检查正压式呼吸器扣5分，少检查一项扣2分	10		

续表

序号	考核内容	操作规程	评分要素	评分标准	配分	扣分	得分
2	防护设施佩戴	佩戴正压式空气呼吸器	正压式空气呼吸器佩戴	未佩戴空气呼吸器此项不得分，步骤操作错误，一项扣5分	15		
3	检查分离器流程	1. 口述分离器正常运行过程中每2h进行一次巡检； 2. 流程无“跑、冒、滴、漏”现象； 3. 检查阀门开关状态； 4. 检查分离器进出口压力、温度，在规定范围内； 5. 检查分离器安全阀连接“跑、冒、滴、漏”现象；未检查安全阀校验铭牌在有效期内，铅封是否完好，本体有无破损裂痕；根部阀全开； 6. 检查温度计在有效期内，铅封是否完好，表壳有无破损裂痕，刻度是否清晰，指针有无松动现象； 7. 检查压力表在有效期内，量程在1/3~2/3之间；铅封是否完好，表壳有无破损裂痕，刻度是否清晰，指针有无松动现象； 8. 分离器液位在液位计的1/2~2/3之间；确认液位计通畅，排污阀完好；口述在冬季生产时，检查加热系统工作正常	1. 口述分离器运行巡检时间； 2. 检查分离器流程； 3. 各阀门的开关状态正常； 4. 检查分离器壳体、进出口压力、温度； 5. 检查分离器安全阀； 6. 检查分离器液位； 7. 检查温度计； 8. 检查压力表	1. 未口述扣5分； 2. 未检查流程无“跑、冒、滴、漏”，一处扣5分； 3. 未检查阀门开关状态一处扣5分； 4. 未检查分离器本体、静电接地、分离器及进出口管线压力、温度，一处扣5分； 5. 未检查分离器安全阀，一处扣2分； 6. 未检查温度计，一处扣5分，少检查一项扣2分； 7. 未检查压力表，一处扣5分，少检查一项扣2分； 8. 未检查液位计是否正常、完好扣10分，未检查分离器液位扣10分	65		
4	填写报表	1. 记录进出口管线压力； 2. 记录进出口管线温度； 3. 记录分离器压力； 4. 记录分离器温度； 5. 压力、温度读值方法（三点一线）； 6. 压力、温度读值应在误差范围内	1. 记录进出口压力、温度； 2. 记录分离器本体温度、压力、液位； 3. 记录参数，填写数据，字迹应正确、完整、清晰、无涂改	1. 不记录压力、温度、液位数值，一处扣5分； 2. 压力、温度读值方法不正确，一次扣2分； 3. 压力、温度数值填错，一处扣2分； 4. 未清理现场扣5分，工具少回收一件扣1分	10		

续表

序号	考核内容	操作规程	评分要素	评分标准	配分	扣分	得分
5	安全文明操作	1. 遵守国家或企业有关安全规定； 2. 操作过程中严格遵守“四不伤害”原则	遵守国家或企业有关安全规定	1. 每违反一项规定，从总分中扣5分； 2. 严重违规取消考核； 3. 因操作不当造成人身伤害，从总分中扣20分； 4. 不正确使用工具、用具，扣分项在安全文明操作项内扣除，一次扣2分，最多扣20分			
备注							
合　计					100		

考评员：　　　　核分员：　　　　年　月　日

二、加热炉巡检操作

1. 考核要求

(1) 必须穿戴劳动保护用品。
(2) 工具、量具、用具准备齐全，正确使用。
(3) 操作规程符合安全文明操作。
(4) 按规定完成操作项目，质量达到技术要求。
(5) 操作完毕，做到“工完、料净、场地清”。

2. 准备要求

(1) 设备准备：

序 号	名 称	规 格	数 量	备 注
1	加热炉		1台	

(2) 材料准备：

序 号	名 称	规 格	数 量	备 注
1	大布		若干	
2	手套		若干	
3	报表		若干	
4	笔		1支	

(3) 工具、用具准备：

序 号	名 称	规 格	数 量	备 注
1	四合一气体检测仪		1台	
2	正压式呼吸器		1套	硫化氢井(站)
3	F扳手		1把	
4	对讲机		1部	

3. 操作程序说明

1) 检查工具、用具、量具
(1) 检查各工具、用具、量具的可用性，须符合本次操作使用要求。
(2) 按正压式空气呼吸器检查标准检查。
(3) 检查四合一检测仪有无合格证、校验标签是否在有效期内，归零检测。

2）检查加热炉流程

（1）加热炉运行过程中每2h进行一次巡检。

（2）检查加热炉流程，无“跑、冒、滴、漏”现象，各阀门的开关状态正常；

（3）检查加热炉壳体、进出口压力、温度在加热炉铭牌规定范围内。

（4）检查加热炉安全阀连接应无“跑、冒、滴、漏”现象。

（5）检查安全阀校验铭牌在有效期内，铅封是否完好，本体有无破损裂痕，根部阀全开。

（6）检查加热炉供气压力，工作压力在规定范围内。

（7）检查加热炉水位在液位计的1/2~2/3之间。

（8）检查加热炉火焰大小、颜色(蓝色)。

（9）检查温度计在有效期内，表壳有无破损裂痕，刻度是否清晰，指针有无松动。

（10）检查压力表在有效期内，量程在1/3~2/3之间，铅封是否完好，表壳有无破损裂痕，刻度是否清晰，指针有无松动。

3）填写报表，清洁现场，回收工具

（1）记录参数，填写数据，字迹应正确、完整、清晰、无涂改。

（2）记录加热炉进出口压力、温度。

（3）记录加热炉燃烧器供气压力。

（4）记录加热炉液位、温度和压力。

4. 考核规定说明

（1）如发现操作过程中可能发生重大违章(如人身伤害、环境污染、设备损坏等)，将终止操作。

（2）考核采用百分制，考核项目得分按鉴定比重进行折算。

（3）考核方式说明：本项目为实际操作题，考核过程按评分标准及操作过程进行评分。

（4）考评技能说明：本项目主要测试考生对加热炉巡检技能掌握的熟练程度。

5. 考核时限

（1）准备工作：1min(不计入考核时间)。

（2）正式操作时间：10min。

（3）提前完成操作不加分，到时终止操作考核。

6. 评分记录表

加热炉巡检操作评分记录表

操作时间：10min　　考生：　　操作用时：

序号	考核内容	操作规程	评分要素	评分标准	配分	扣分	得分
1	准备	1. 穿戴好劳动保护用品； 2. 准备工具：四合一气体检测仪、正压式呼吸器(硫化氢井站)、报表、笔、大布、手套、F扳手、对讲机	准备工具、量具、用具	1. 劳保穿戴不整齐扣5分； 2. 未准备工具扣5分，多、少一件扣1分； 3. 未检查四合一检测仪扣5分，少检查一项扣2分； 4. 未检查正压式呼吸器扣5分，少检查一项扣2分	10		

续表

序号	考核内容	操作规程	评分要素	评分标准	配分	扣分	得分
2	防护设施佩戴	佩戴正压式空气呼吸器	正压式空气呼吸器佩戴	硫化氢井站未佩戴空气呼吸器此项不得分，步骤操作错误，一项扣5分	15		
3	检查加热炉流程	1. 口述加热炉正常运行过程中每2h进行一次巡检； 2. 流程无“跑、冒、滴、漏现象”； 3. 检查阀门开关状态； 4. 检查加热炉壳体、静电接地是否完好，排污、放空阀关闭；进出口压力、温度在加热炉规定范围内； 5. 检查加热炉安全阀连接处有无“跑、冒、滴、漏”，检查安全阀校验铭牌在有效期内，铅封是否完好，本体有无破损裂痕，根部阀全开； 6. 检查加热炉供气压力，在规定范围内； 7. 加热炉水位在液位计的1/2~2/3之间； 8. 检查加热炉控制柜正常；火焰大小、颜色(蓝色)； 9. 检查温度计在有效期内，表壳有无破损裂痕，刻度是否清晰，指针有无松动； 10. 检查压力表在有效期内，量程在1/3~2/3之间；铅封是否完好，表壳有无破损裂痕，刻度是否清晰，指针有无松动	1. 口述加热炉运行巡检时间； 2. 检查加热炉流程； 3. 各阀门的开关状态正常； 4. 检查加热炉壳体压力； 5. 检查加热炉安全阀； 6. 检查加热炉供气压力； 7. 检查加热炉水位； 8. 检查加热炉火焰； 9. 检查温度计； 10. 检查压力表	1. 未口述扣5分； 2. 未检查流程无“跑、冒、滴、漏”一处扣5分； 3. 未检查阀门开关状态，一处扣10分； 4. 未检查一处扣5分； 5. 未检查加热炉安全阀此项不得分，少检查一项扣5分； 6. 未检查加热炉供气压力扣10分，少检查一项扣2分； 7. 未检查加热炉(液位)水位扣20分； 8. 未检查加热炉火焰扣10分；未检查加热炉控制柜扣20分，一项未检查扣10分； 9. 未检查温度计，一处扣5分，少检查一项扣2分； 10. 未检查压力表，一处扣5分，少检查一项扣2分	65		
4	填写报表	1. 记录进出口管线压力； 2. 记录进出口管线温度； 3. 记录加热炉压力； 4. 记录加热炉液位，温度； 5. 记录加热炉供气压力； 6. 压力、温度读值方法(三点一线)； 7. 压力、温度读值应在误差范围内	1. 记录加热炉进出口压力、温度； 2. 记录加热炉燃烧器供气压力； 3. 记录加热炉壳体温度和压力； 4. 记录参数，填写数据，字迹应正确、完整、清晰、无涂改	1. 不记录压力、温度、液位数值，一处扣5分； 2. 压力、温度读值方法不正确，一次扣2分； 3. 压力、温度数值填错，一处扣2分； 4. 未清理现场扣5分，工具少回收一件扣1分	10		

续表

序号	考核内容	操作规程	评分要素	评分标准	配分	扣分	得分
5	安全文明操作	1. 遵守国家或企业有关安全规定； 2. 操作过程中严格遵守“四不伤害”原则	遵守国家或企业有关安全规定	1. 每违反一项规定，从总分中扣5分； 2. 因操作不当造成人身伤害，从总分中扣20分； 3. 严重违规取消考核； 4. 不正确使用工具、用具，扣分项在安全文明操作项内扣除，一次扣2分，最多扣20分			
备注							
合　计					100		

考评员：　　核分员：　　年　月　日

三、填写计转站巡检报表操作

1. 考核要求

（1）必须穿戴劳动保护用品。
（2）工具、量具、用具准备齐全，正确使用。
（3）操作规程符合安全文明操作。
（4）按规定完成操作项目，质量达到技术要求。
（5）操作完毕，做到“工完、料净、场地清”。

2. 准备要求

（1）设备准备：

序 号	名 称	规 格	数 量	备 注
1	计转站		1座	

（2）材料准备：

序 号	名 称	规 格	数 量	备 注
1	报表		若干	
2	笔		1支	

（3）工具、用具准备：

序 号	名 称	规 格	数 量	备 注
1	正压式呼吸器		1套	硫化氢井站
2	四合一检测仪		1台	
3	测温仪		1台	
4	测振仪		1台	
5	对讲机		1部	

3. 操作程序说明

1）检查工具、用具、量具
（1）检查各工具、用具及量具的可用性，须符合本次操作使用要求。

（2）按正压式空气呼吸器检查标准检查。

（3）检查四合一检测仪、测温仪、测振仪有无合格证、校验标签是否在有效期内，四合一检测仪归零检测。

2）值班室的巡检

（1）检查 PLC 监控系统运行正常(关键设备参数)。

（2）检查恒电位仪运行正常。

（3）检查值班室无焦糊味。

（4）检查可燃气体报警器及硫化氢报警器完好，无报警。

3）加药间的巡检

（1）检查加药泵压力正常，无异常声音，润滑油液位在 1/2～2/3 之间。

（2）药剂罐液位。

（3）药剂存放间药剂桶完好。

（4）通风设施运行情况。

4）单井阀组及计量间的巡检(掺稀计转站)

（1）检查压力表校验日期、铅封、指针、量程线等。

（2）检查单井掺稀流量计显示是否正常，掺稀压力是否正常(掺稀计转站)。

（3）检查各单井的进站温度是否正常。

（4）检查计量分离器液位、压力是否正常，流量计运行正常，安全附件完好。

（5）检查管线、阀门无渗漏现象，计量分离器保温层完好。

5）加热炉的巡检

（1）检查安全附件完好。

（2）检查压力表校验日期、铅封、指针、量程线等。

（3）生产、计量盘管出口温度正常。

（4）检查燃烧器电机运行正常，火焰颜色正常。

（5）观察烟道温度、排烟颜色正常。

（6）检查加热炉控制系统正常无报警。

（7）检查管线、阀门无渗漏现象，加热炉保温层完好。

6）油气分离缓冲罐的巡检

（1）检查安全附件完好。

（2）检查液位在 1/2～2/3 之间，压力正常。

（3）检查管线、阀门无渗漏现象，加热炉保温层完好。

7）天然气分离器及收发球筒的巡检

（1）检查安全附件完好。

（2）检查液位液位、压力正常，液位超过 0. 8m 进行排污。

（3）检查管线、阀门无渗漏现象，天然气分离器保温层完好。

8）配电室的巡检

（1）检查电流、电压表显示正常。

（2）检查变频器无报警。

（3）配电室无焦糊味。

9）外输泵房巡检

（1）用四合一检测仪检查无硫化氢。

（2）用测温仪检测泵轴承温度、齿轮箱温度、电机轴承温度、壳体温度、接线盒温度。

（3）用测振仪测量测量机泵的振动。

（4）检查电机及泵运行时的声音无异常。

（5）检查压力表校验日期、铅封、指针、量程线等。

（6）检查齿轮箱齿轮油液位在1/2~2/3之间，润滑油无变色，通气孔完好。

（7）检查电机无焦糊味。

（8）通风设施完好。

（9）检查外输流量计运行正常，无异常声音。

10）事故罐的巡检

（1）检查安全附件完好，罐体完好。

（2）检查保温层完好。

（3）检查基础无下陷。

（4）检查液位、温度正常。

（5）检查量油口、透光孔完好，无漏气现象。

11）热水循环间的巡检

（1）检查泵出口压力正常。

（2）检查压力表校验日期、铅封、指针、量程线等。

（3）检查管线、水罐及连接处无渗漏。

（4）检查泵运行正常。

12）填写巡检报表

根据巡检情况填写报表。

4. 考核规定说明

（1）如发现操作过程中可能发生重大违章（如人身伤害、环境污染、设备损坏等），将终止操作。

（2）考核采用百分制，考核项目得分按鉴定比重进行折算。

（3）考核方式说明：本项目为实际操作题，考核过程按评分标准及操作过程进行评分。

（4）考评技能说明：本项目主要测试考生对计转站参数录取的准确性和完整性。

5. 考核时限

（1）准备工作：1min（不计入考核时间）。

（2）正式操作时间：25min。

（3）提前完成操作不加分，到时终止操作考核。

6. 评分记录表

填写计转站巡检报表操作评分记录表

操作时间：25min　　考生：　　操作用时：

序号	考核内容	操作规程	评分要素	评分标准	配分	扣分	得分
1	准备	1. 穿戴好劳动保护用品； 2. 准备工具：报表、笔、正压式呼吸器（硫化氢井站）、四合一检测仪、测振仪、测温仪、对讲机	准备工具、量具、用具	1. 劳保穿戴不整齐扣5分； 2. 未准备工具扣5分，多、少一件扣1分； 3. 未检查四合一检测仪、测温仪、测振仪，一个扣10分，少检查一项扣2分； 4. 未检查正压式呼吸器扣5分，少检查一项扣2分	15		
2	计转站巡检报表录取	1. 加药间的巡检； 2. 阀组及计量操作间巡检； 3. 加热炉的巡检； 4. 单井阀组及计量间的巡检（掺稀计转站）； 5. 油气分离缓冲罐的巡检； 6. 天然气分离器及收发球筒的巡检； 7. 配电室的巡检； 8. 外输泵房巡检； 9. 事故罐的巡检； 10. 热水循环间的巡检	1. 站内各设备运行参数录取完整准确； 2. 按照各站巡检要求进行巡检； 3. 压力、温度读值方法（三点一线）	1. 硫化氢井站和区域未佩戴正压式空气呼吸器终止操作，佩戴步骤错一项扣5分； 2. 不记录相关参数，一处扣10分； 3. 压力、温度读值方法不正确，一次扣2分； 4. 参数填错，一处扣2分	70		
3	报表填写规范	填写井站名称、日期、值班人员姓名、参数值	记录参数，填写数据，字迹应正确、完整、清晰、无涂改	1. 字迹不清晰，一处扣2分； 2. 涂改一处扣5分； 3. 漏填少填一处扣5分； 4. 未清理现场扣5分，工具少回收一件扣1分	15		
4	安全文明操作	1. 遵守国家或企业有关安全规定； 2. 操作过程中严格遵守“四不伤害”原则	遵守国家或企业有关安全规定	1. 每违反一项规定，从总分中扣5分； 2. 因操作不当造成人身伤害，从总分中扣20分； 3. 严重违规取消考核； 4. 不正确使用工具、用具，扣分项在安全文明操作项内扣除，一次扣2分，最多扣20分			
备注							
		合　计			100		

考评员：　　核分员：　　年　月　日

四、站内流程取油、气、水样操作

1. 考核要求

(1) 必须穿戴劳动保护用品。
(2) 工具、量具、用具准备齐全，正确使用。
(3) 操作规程符合安全文明操作。
(4) 按规定完成操作项目，质量达到技术要求。
(5) 操作完毕，做到“工完、料净、场地清”。

2. 准备要求

(1) 设备准备：

序 号	名 称	规 格	数 量	备 注
1	三相分离器		1套	

(2) 材料准备：

序 号	名 称	规 格	数 量	备 注
1	大布		若干	
2	手套		若干	
3	取样桶		若干	按取样要求
4	气体取样袋		若干	
5	取样标签		若干	
6	秒表		1块	

(3) 工具、用具准备：

序 号	名 称	规 格	数 量	备 注
1	取样软管		1根	
2	污油桶(盆)		1个	
3	正压式呼吸器		1套	
4	四合一检测仪		1台	

3. 操作程序说明

1）检查工具、用具、量具

（1）检查各工具、用具及量具的可用性，须符合本次操作使用要求。

（2）按正压式空气呼吸器检查标准检查。

（3）检查四合一检测仪有无合格证、校验标签是否在有效期内，归零检测。

2）取样前准备

（1）选取取样点后按需要摆放工具、用具及材料。

（2）选择正确的操作位置(室外：上风口；室内：提前0.5h打开轴流风机通风)。

（3）完整、准确、清晰的填写取样标签(填写内容：时间、地点、介质、取样人、分析项目)。

3）取油样

（1）清理取样口，并在下端接放污油桶(盆)。

（2）缓慢开启取样阀门，放净死油。

（3）连接取样桶，用欲取油样清洗取样桶，不少于2次。

（4）按照分析项目(原油全分析等)要求，取够足量油样(分3次取样，每次间隔不小于5min，每次取样量约为总量的1/3)并密封取样桶。

（5）关闭取样阀，擦拭取样口。

（6）牢固粘贴取样标签。

4）取气样

（1）选取取气样所需取样软管与取样口连接，填写取样标签。

（2）缓慢开启取样阀门，放净杂质，关闭取样阀。

（3）打开气体取样袋上的直杆阀，并与取样软管连接。

（4）打开取样阀，向取样袋内充取适量天然气后断开连接(不超过取样袋的80%，防止爆袋)。

（5）拔掉取样软管，擦拭取样口。

5）取水样

（1）选取取水样位置接上污油桶(盆)，或选取取样软管。

（2）缓慢开启取样阀门，放净杂质，关闭取样阀。

（3）用欲取水样清洗取样桶，不少于2次。

（4）打开取样阀，按照分析项目要求取够足量水样(分3次取样，每次间隔不小于5min，每次取样量约为总量的1/3)并密封取样桶。

（5）关闭取样阀，擦拭取样口。

（6）牢固粘贴取样标签。

6）清理场地

（1）清洁现场，处理污油水，收拾、清洁工、用具。

（2）整理安置油、气、水样，做好相应记录。

4. 考核规定说明

（1）如发现操作过程中可能发生重大违章（如人身伤害、环境污染、设备损坏等），将终止操作。

（2）考核采用百分制，考核项目得分按鉴定比重进行折算。

（3）考核方式说明：本项目为实际操作题，考核过程按评分标准及操作过程进行评分。

（4）测量技能说明：本项目主要测试考生对站内流程取油、气、水样操作技能掌握的熟练程度。

5. 考核时限

（1）准备工作：1min（不计入考核时间）。

（2）正式操作时间：每项 15min。

（3）提前完成操作不加分，到时终止操作考核。

6. 评分记录表

1）油样

站内流程取油样操作评分记录表

操作时间：15min　　　　考生：　　　　操作用时：

序号	考核内容	操作规程	评分要素	评分标准	配分	扣分	得分
1	准备及检查	1. 穿戴好劳动保护用品； 2. 准备工具：大布、手套、取样桶、取样标签、笔、四合一检测仪、正压式呼吸器（硫化氢井站）、秒表、污油桶（盆）	准备并检查工具、量具、用具及材料	1. 劳保穿戴不整齐扣 5 分； 2. 未准备工具及材料扣 15 分，多、少、准备一件扣 1 分； 3. 未检查取样桶是否清洁干燥扣 10 分； 4. 未检查四合一检测仪扣 10 分，少检查一项扣 2 分； 5. 未检查正压式呼吸器扣 10 分，少检查一项扣 2 分	15		
2	取样前准备	1. 选取取样点后按需要摆放工具、用具及材料； 2. 选择正确的操作位置（室外：上风口；室内：提前 0.5h 打开轴流风机通风）； 3. 完整、准确、清晰的填写取样标签（填写内容：时间、地点、介质、取样人、分析项目）	1. 正确选取取样点； 2. 选择正确的操作位置； 3. 完整、准确、清晰的填写取样标签	1. 取样点选择错误扣 30 分； 2. 室外未在上风口（室内未提前 0.5h 打开轴流风机通风）取样扣 20 分； 3. 少填、错填、涂改，一处扣 2 分； 4. 未填写标签扣 20 分	30		

续表

序号	考核内容	操作规程	评分要素	评分标准	配分	扣分	得分
3	取样	1. 清理取样口，并在下端接上污油桶(盆)； 2. 缓慢开启取样阀门，放净死油，关闭取样阀； 3. 连接取样桶，用欲取油样清洗取样桶(盆)，不少于2次； 4. 按照分析项目(原油全分析等)要求，取够足量油样(分3次取样，每次间隔不小于5min，每次取样量约为总量的1/3)并密封取样桶； 5. 关闭取样阀，擦拭取样口； 6. 牢固粘贴取样标签	1. 清理取样口； 2. 开启取样阀门，放净死油； 3. 用欲取油样清洗取样桶； 4. 取够足量油样； 5. 关闭取样阀，擦拭取样口； 6. 牢固粘贴取样标签	1. 未清理取样口扣5分； 2. 未使用污油桶(盆)造成污染扣除本项分； 3. 未放死油扣20分；未放净死油扣10分； 4. 未按要求清洗取样桶(盆)扣10分，少一次扣5分； 5. 未按要求取样扣30分； 6. 未擦拭取样口扣10分； 7. 未粘贴取样标签扣20分，未粘牢扣5分； 8. 未关闭取样阀门此项不得分	50		
4	清理现场	收拾工、用具，清洁现场，清除污油盆内的油污	收拾工具，清洁场地	1. 未清理现场扣2分； 2. 工具少收一件扣2分；未清除污油盆内的油污扣3分	5		
5	安全文明操作	1. 遵守国家或企业有关安全规定； 2. 操作过程中严格遵守"四不伤害"原则	遵守国家或企业有关安全规定	1. 每违反一项规定，从总分中扣5分； 2. 因操作不当造成人身伤害，从总分中扣20分； 3. 严重违规取消考核； 4. 不正确使用工具、用具，扣分项在安全文明操作项内扣除，一次扣2分，最多扣20分			
备注							
合　计					100		

考评员：　　　　核分员：　　　　年　月　日

2）气样

站内流程取气样操作评分记录表

操作时间：5min　　　　考生：　　　　操作用时：

序号	考核内容	操作规程	评分要素	评分标准	配分	扣分	得分
1	准备及检查	1. 穿戴好劳动保护用品； 2. 准备工具：大布、手套、取样袋、取样标签、笔、四合一检测仪、正压式呼吸器(硫化氢井站)、取样软管、污油桶(盆)	准备并检查工具、量具、用具及材料	1. 劳保穿戴不整齐扣5分； 2. 未准备工具及材料扣15分，多、少准备一件扣1分； 3. 未检查取样袋是否完好扣10分； 4. 未检查四合一检测仪扣10分，少检查一项扣2分； 5. 未检查正压式呼吸器扣10分，少检查一项扣2分	15		

续表

序号	考核内容	操作规程	评分要素	评分标准	配分	扣分	得分
2	取样前准备	1. 选取取样点后按需要摆放工具、用具及材料； 2. 选择正确的操作位置（室外：上风口；室内：提前 0.5h 打开轴流风机通风）； 3. 完整、准确、清晰的填写取样标签（填写内容：时间、地点、介质、取样人、分析项目）	1. 正确选取取样点； 2. 选择正确的操作位置； 3. 完整、准确、清晰的填写取样标签	1. 取样点选择错误扣 30 分； 2. 室外未在上风口（室内未提前 0.5h 打开轴流风机通风）取样扣 20 分； 3. 少填、错填、涂改，一处扣 5 分； 4. 未填写标签扣 20 分	30		
3	取样	1. 选取取气样所需取样软管与取样口连接； 2. 缓慢开启取样阀门，放净杂质，关闭取样阀； 3. 打开气体取样袋上的直杆阀，并与取样软管连接； 4. 打开取样阀，向取样袋内充取适量天然气后断开连接； 5. 按照分析项目（天然气全分析、硫化氢分析等）要求，取够足量气样（不超过取样袋的 80%，防止爆袋），关闭取样阀门，断开取样软管连接，关闭取样袋上的直杆阀； 6. 关闭取样阀，拔掉取样软管，擦拭取样口	1. 取样软管与取样口连接； 2. 放净杂质； 3. 取样软管连接； 4. 取适量天然气后； 5. 取够足量气样； 6. 关闭取样阀，拔掉取样软管，擦拭取样口	1. 未清理取样口扣 10 分； 2. 未使用污油桶（盆）扣 5 分（根据气体含杂质多少）； 3. 未放杂质扣 20 分；未放净杂质扣 10 分； 4. 未牢固连接取样管扣 20 分； 5. 未按要求取样扣 30 分； 6. 未擦拭取样口扣 10 分； 7. 未关闭取样阀门此项不得分	50		
4	清理现场	收拾工、用具，清洁现场	收拾工具，清洁场地	1. 未清理现场扣 2 分； 2. 工具少收一件扣 2 分	5		
5	安全文明操作	1. 遵守国家或企业有关安全规定； 2. 操作过程中严格遵守“四不伤害”原则	遵守国家或企业有关安全规定	1. 每违反一项规定，从总分中扣 5 分； 2. 因操作不当造成人身伤害，从总分中扣 20 分； 3. 严重违规取消考核； 4. 不正确使用工具、用具，扣分项在安全文明操作项内扣除，一次扣 2 分，最多扣 20 分			
备注							
合　计					100		

考评员：　　　　核分员：　　　　年　月　日

3）水样

站内流程取水样操作评分记录表

操作时间：5min　　考生：　　操作用时：

序号	考核内容	操作规程	评分要素	评分标准	配分	扣分	得分
1	准备及检查	1. 穿戴好劳动保护用品； 2. 准备工具：大布、手套、取样桶、取样标签、笔、四合一检测仪、正压式呼吸器(硫化氢井站)、秒表、污油桶(盆)	准备并检查工具、用量、用具及材料	1. 劳保穿戴不整齐扣5分； 2. 未准备工具及材料扣15分，多、少一件扣1分； 3. 未检查取样桶是否清洁干燥扣10分； 4. 未检查四合一检测仪扣10分，少检查一项扣2分； 5. 未检查正压式呼吸器扣10分，少检查一项扣2分	15		
2	取样前准备	1. 选取取样点后按需要摆放工具、用具及材料； 2. 选择正确的操作位置(室外：上风口；室内：提前0.5h打开轴流风机通风)； 3. 完整、准确、清晰的填写取样标签(填写内容：时间、地点、介质、取样人、分析项目)	1. 正确选取取样点； 2. 选择正确的操作位置； 3. 完整、准确、清晰的填写取样标签	1. 取样点选择错误扣30分； 2. 室外未在上风口(室内未提前0.5h打开轴流风机通风)取样扣20分； 3. 少填、错填、涂改，一处扣5分； 4. 未填写标签扣20分	30		
3	取样	1. 清理取样口，并在下端接上污油桶(盆)； 2. 缓慢开启取样阀门，放净杂质，关闭取样阀； 3. 用欲取水样清洗取水桶(盆)，不少于2次； 4. 打开取样阀，按照分析项目要求取够足量水样(分3次取样，每次间隔不小于5min，每次取样量约为总量的1/3)并密封取样桶； 5. 关闭取样阀，擦拭取样口； 6. 牢固粘贴取样标签	1. 清理取样口； 2. 放净杂质； 3. 用欲取水样清洗取水桶； 4. 取够足量水样； 5. 关闭取样阀，擦拭取样口； 6. 牢固粘贴取样标签	1. 未清理取样口扣10分； 2. 未使用污油桶(盆)扣5分； 3. 未放杂质扣20分，未放净杂质扣10分； 4. 未按要求清洗取样桶(盆)扣10分，少一次扣5分； 5. 未按要求取样扣30分； 6. 未擦拭取样口扣10分； 7. 未粘贴取样标签扣20分，未粘牢扣10分； 8. 未关闭取样阀门此项不得分	50		
4	清理现场	收拾工具、用具，清洁现场，清除污油盆内的油污	收拾工具，清洁场地	1. 未清理现场扣2分； 2. 工具少收一件扣2分；未清除污油盆内的油污扣3分	5		
5	安全文明操作	1. 遵守国家或企业有关安全规定； 2. 操作过程中严格遵守“四不伤害”原则	遵守国家或企业有关安全规定	1. 每违反一项规定，从总分中扣5分； 2. 因操作不当造成人身伤害，从总分中扣20分； 3. 严重违规取消考核； 4. 不正确使用工具、用具，扣分项在安全文明操作项内扣除；一次扣2分，最多扣20分			
备注							
合　计					100		

考评员：　　核分员：　　年　月　日

7. 附表

1）取样标签

取样标签

样品名称		取样时间	
分析项目		取样量	
取样位置		取样人	
送样单位			

2）××站内流程取样操作记录

××站内流程取样操作记录

日 期	样品名称	取样量	分析项目	取样位置	取样人	备 注

五、油罐收发油操作

1. 考核要求

(1) 必须穿戴劳动保护用品。
(2) 工具、量具、用具准备齐全，正确使用。
(3) 操作规程符合安全文明操作。
(4) 按规定完成操作项目，质量达到技术要求。
(5) 操作完毕，做到“工完、料净、场地清”。

2. 准备要求

(1) 设备准备：

序　号	名　称	规　格	数　量	备　注
1	原油储罐		1 座	

(2) 材料准备：

序　号	名　称	规　格	数　量	备　注
1	大布		若干	
2	手套		若干	
3	笔		1 支	
4	报表		若干	

(3) 工具、用具准备：

序　号	名　称	规　格	数　量	备　注
1	F 扳手		1 把	
2	四合一检测仪		1 台	
3	正压式呼吸器		1 套	硫化氢井(站)
4	量油尺	15～25m	1 把	分度值 1mm
5	对讲机		1 部	
6	试油膏		若干	凝析油

3. 操作程序说明

1）检查工具、用具、量具

（1）检查各工具、用具及量具的可用性，须符合本次操作使用要求。

（2）检查量油尺有合格证、符合安全要求、校验标签在有效期内、尺身刻度清晰无折扭、铜锤刻度清晰无划痕。

（3）按正压式空气呼吸器检查标准检查。

（4）检查四合一检测仪有无合格证、校验标签是否在有效期内，归零检测。

2）收油操作

（1）检查备用罐（核对罐号，并按照上罐五项要求进行作业）呼吸阀、液压安全阀、液位计、人孔、泡沫发生器、静电接地，备用罐检尺并记录（若考核浮顶罐时还需检查浮船及部件）。

（2）检查备用罐的流程（进出油阀、罐顶气出口阀门、排污阀、排泥阀）。

（3）侧身缓慢打开备用罐进油阀，当备用罐有进油声时，侧身缓慢关预停罐进油阀，同时开关操作。

（4）根据要求开启加热系统。

（5）收油接近结束，备用罐进油高度不得超过油罐上限（浮顶罐罐容的 80%，拱顶罐罐容的 85%）。

（6）预停罐根据要求静止罐内液面（轻质油静止 30min，重质油静止 120min），进行检尺作业（按照上罐五项要求进行作业）。

（7）填写报表。

3）发油操作

（1）检查预停罐（核对罐号，并按照上罐相关要求进行作业）呼吸阀、液压安全阀、液位计，检尺并记录。

（2）检查预停罐的流程（进出油阀、罐顶气出口阀门、排污阀、排泥阀）。

（3）侧身缓慢打开预停罐出油阀门。

（4）按照启泵操作规程启泵。

（5）发油接近结束，罐内余油不得低于预停罐出油口管径上端高度 500mm（防止泵抽空），按照停泵操作规程停泵。

（6）根据要求切换流程，根据要求静止罐内液面（轻质油静止 30min，重质油静止 120min），上罐检尺作业（按照上罐相关要求，进行作业）。

（7）填写记录。

4. 考核规定说明

（1）如发现操作过程中可能发生重大违章（如人身伤害、环境污染、设备损坏等），将终止操作。

（2）考核采用百分制，考核项目得分按鉴定比重进行折算。

（3）考核方式说明：本项目为实际操作题，考核过程按评分标准及操作过程进行评分。

（4）测量技能说明：本项目主要测试考生对原油储罐收、发油流程掌握的熟练程度。

5. 考核时限

（1）准备工作：1min（不计入考核时间）。

（2）正式操作 40min（5000m^3 以上的罐根据实际情况延长）。

（3）提前完成操作不加分，到时终止操作考核。

6. 评分记录表

1）收油

油罐收油操作评分记录表

操作时间：20min　　考生：　　操作用时：

序号	考核内容	操作规程	评分要素	评分标准	配分	扣分	得分
1	准备及检查	1. 穿戴好劳动保护用品； 2. 准备工具：量油尺、试油膏（凝析油）、F 扳手、对讲机、四合一检测仪、正压式呼吸器（硫化氢井站）、手套、大布、笔、报表	工具、用具准备	1. 劳保穿戴不整齐扣 5 分； 2. 未准备工具扣 15 分，多、少一件扣 1 分； 3. 未检查四合一检测仪扣 10 分，少检查一项扣 2 分； 4. 未检查正压式呼吸器扣 10 分，少检查一项扣 2 分； 5. 未检查量油尺扣 10 分，少检查一项扣 2 分	10		
2	收油前检查	1. 检查备用罐（核对罐号，并按照上罐相关要求，进行作业）呼吸阀、液压安全阀、液位计、人孔、泡沫发生器，备用罐检尺并记录； 2. 检查备用罐的流程（进、出油阀、罐顶气出口阀门、排污阀、排泥阀）； 3. 若考核浮顶罐时还需检查浮船及部件	1. 检查备用罐； 2. 检查备用罐的流程	1. 未核对罐号扣 5 分； 2. 未检查机械呼吸阀扣 5 分，未检查罐顶气出口阀门扣 5 分； 3. 未检查液压安全阀扣 5 分； 4. 未检查液位计、静电接地、远传仪表、排污阀，一处扣 5 分； 5. 未检尺扣 10 分，未记录扣 2 分； 6. 未检查工艺流程扣 10 分，少检查一处 3 分； 7. 未检查泡沫发生器扣 5 分； 8. 未检查人孔扣 5 分； 9. 未检查浮顶罐浮船及部件扣 5 分（浮顶罐）； 10. 未按照上罐五项要求操作，违反一项扣 5 分	30		

续表

序号	考核内容	操作规程	评分要素	评分标准	配分	扣分	得分
3	收油操作	1. 侧身缓慢打开备用罐进油阀，当备用罐有进油声时，侧身缓慢关预停罐进油阀，同时开关操作； 2. 根据要求开启加热系统； 3. 收油接近结束，备用罐进油高度不得超过油罐上限（浮顶罐罐容的80%，拱顶罐罐容的85%）； 4. 预停罐根据要求静止罐内液面（轻质油静止30min，重质油静止120min），进行检尺作业（按照上罐相关要求，进行作业）	1. 倒流程； 2. 检尺	1. 未侧身开关阀门扣5分； 2. 未缓慢开关阀门扣5分； 3. 阀门开关顺序错误此项不得分； 4. 未按要求同时开关阀门操作扣5分； 5. 不清楚备用罐进油高度不得超过油罐上限范围一项扣10分； 6. 不清楚油品液面静止时间一项扣5分； 7. 未按照上罐五项要求操作，违反一项扣5分； 8. 未检尺扣20分，未记录扣10分	50		
4	清理场地，填写报表	清洁现场，收拾工具，做好相应记录	记录参数，填写数据，字迹应正确、完整、清晰、无涂改	1. 字迹不清晰一处扣2分； 2. 涂改一处扣5分； 3. 漏填少填一处扣5分； 4. 未回收工具扣5分，少回收一件扣2分；未清洁场地扣5分	10		
5	安全文明操作	1. 遵守国家或企业有关安全规定； 2. 操作过程中严格遵守“四不伤害”原则	遵守国家或企业有关安全规定	1. 每违反一项规定，从总分中扣5分； 2. 因操作不当造成人身伤害，从总分中扣20分； 3. 严重违规、流程憋压取消考核资格； 4. 不正确使用工具、用具，扣分项在安全文明操作项内扣除，一次扣2分，最多扣20分			
备注							
合计					100		

考评员： 核分员： 年 月 日

2）发油

油罐发油操作评分记录表

操作时间：20min　　考生：　　操作用时：

序号	考核内容	操作规程	评分要素	评分标准	配分	扣分	得分
1	准备及检查	量油尺、试油膏（凝析油）、F扳手、对讲机、四合一检测仪、正压式呼吸器（硫化氢井站）、手套、大布、笔、报表	工具、用具准备	1. 劳保穿戴不整齐扣5分； 2. 工具、用具少一件，扣2分； 3. 未检查四合一检测仪扣10分，少检查一项扣2分； 4. 未检查正压式呼吸器扣10分，少检查一项扣2分； 5. 未检查量油尺扣10分，少检查一项扣2分	10		
2	发油前检查	1. 检查预停罐（核对罐号，并按照上罐相关要求，进行作业）呼吸阀、罐顶气出口阀门、液压安全阀、液位计，检尺并记录； 2. 检查预停罐的流程（进出油阀、排污阀、排泥阀）	1. 检查预停罐； 2. 检查预停罐流程	1. 未核对罐号扣5分； 2. 未检查机械呼吸阀扣5分，未检查罐顶气出口阀门扣5分； 3. 未检查液压安全阀扣5分； 4. 未检查液位计、静电接地、远传仪表、排污阀一处扣5分； 5. 未检尺扣20分，未记录扣2分； 6. 未检查工艺流程扣10分，未检查一处5分； 7. 未检查泡沫发生器扣5分； 8. 未检查浮顶罐浮船及部件扣5分（浮顶罐）； 9. 未按照上罐6项要求操作，违反一项扣5分	30		
3	发油操作	1. 侧身缓慢打开预停罐出油阀门； 2. 按照启泵操作规程启泵； 3. 发油接近结束，罐内余油不得低于预停罐出油口管径上端高度500mm（防止泵抽空），按照停泵操作规程停泵； 4. 根据要求切换流程，根据要求静止罐内液面（轻质油静止30min，重质油静止120min），上罐检尺作业（按照上罐相关要求，进行作业）	1. 倒流程； 2. 检尺	1. 未侧身开关阀门扣5分； 2. 未缓慢开关阀门扣5分； 3. 阀门开关顺序错此项不得分； 4. 未按要求同时开关阀门操作扣10分； 5. 未启泵此项不得分； 6. 不清楚罐内余油不得低于预停罐出油口管径上端高度500mm扣20分； 7. 不清楚油品液面静止时间，一项扣10分； 8. 未按照上罐6项要求操作，违反一项扣5分； 9. 未检尺扣20分，未记录扣10分	50		

续表

序号	考核内容	操作规程	评分要素	评分标准	配分	扣分	得分
4	清理场地，填写报表	清洁现场，收拾工具，做好相应记录。	记录参数，填写数据，字迹应正确、完整、清晰、无涂改	1. 字迹不清晰一处扣2分； 2. 涂改一处扣5分； 3. 漏填少填一处扣5分	10		
5	安全文明操作	1. 遵守国家或企业有关安全规定； 2. 操作过程中严格遵守“四不伤害”原则	遵守国家或企业有关安全规定	1. 每违反一项规定，从总分中扣5分； 2. 因操作不当造成人身伤害，从总分中扣20分； 3. 严重违规、流程憋压取消考核资格； 4. 不正确使用工具、用具，扣分项在安全文明操作项内扣除，一次扣2分，最多扣20分			
备注							
合　计					100		

考评员：　　　　核分员：　　　　年　月　日

六、换热器巡检操作

1. 考核要求

（1）必须穿戴劳动保护用品。
（2）工具、量具、用具准备齐全，正确使用。
（3）操作规程符合安全文明操作。
（4）按规定完成操作项目，质量达到技术要求。
（5）操作完毕，做到“工完、料净、场地清”。

2. 准备要求

（1）设备准备：

序　号	名　称	规　格	数　量	备　注
1	换热器		1台	

（2）材料准备：

序　号	名　称	规　格	数　量	备　注
1	大布		若干	
2	手套		若干	
3	报表		1张	
4	笔		1支	

（3）工具、用具准备：

序　号	名　称	规　格	数　量	备　注
1	四合一气体检测仪		1台	
2	正压式呼吸器		1套	硫化氢井(站)
3	F扳手		1把	

3. 操作程序说明

1）检查工具、用具、量具
（1）检查各工具、用具及量具的可用性，须符合本次操作使用要求。
（2）按正压式空气呼吸器检查标准检查。

（3）检查四合一检测仪有无合格证、校验标签是否在有效期内，归零检测。

2）检查换热器流程

（1）换热器运行过程中每2h进行一次巡检。

（2）检查换热器流程，无“跑、冒、滴、漏”现象，各阀门的开关状态正常。

（3）检查换热器本体、静电接地、管程、壳程进、出口工作压力、温度在规定范围内。

（4）检查温度计在有效期内，量程在1/3~2/3之间，铅封是否完好，表壳有无破损裂痕，刻度是否清晰，指针有无松动现象。

（5）检查压力表在有效期内，量程在1/3~2/3之间，铅封是否完好，表壳有无破损裂痕，刻度是否清晰，指针有无松动现象。

3）填写报表，清洁场地，回收工具

（1）记录参数，填写数据，字迹应正确、完整、清晰、无涂改。

（2）记录换热器管程、壳程进、出口压力、温度。

（3）记录换热器运行时间。

4. 考核规定说明

（1）如发现操作过程中可能发生重大违章（如人身伤害、环境污染、设备损坏等），将取消操作。

（2）考核采用百分制，考核项目得分按鉴定比重进行折算。

（3）考核方式说明：本项目为实际操作题，考核过程按评分标准及操作过程进行评分。

（4）考评技能说明：本项目主要测试考生对换热器巡检技能掌握的熟练程度。

5. 考核时限

（1）准备工作：1min（不计入考核时间）。

（2）正式操作时间：8min。

（3）提前完成操作不加分，到时终止操作考核。

6. 评分记录表

换热器巡检操作评分记录表

操作时间：8min　　考生：　　操作用时：

序号	考核内容	操作规程	评分要素	评分标准	配分	扣分	得分
1	准备	1. 穿戴好劳动保护用品； 2. 准备工具：四合一气体检测仪、正压式呼吸器（硫化氢井站）、报表、笔、大布、手套、F扳手	准备工具、量具、用具	1. 劳保穿戴不整齐扣5分； 2. 未准备工具扣5分，多、少一件扣1分； 3. 未检查四合一检测仪扣5分，少检查一项扣2分； 4. 未检查正压式呼吸器扣5分，少检查一项扣2分	10		

续表

序号	考核内容	操作规程	评分要素	评分标准	配分	扣分	得分
2	防护设施佩戴	佩戴正压式空气呼吸器	正压式空气呼吸器佩戴	未佩戴空气呼吸器此项不得分，步骤操作错误，一项扣5分	10		
3	巡检	1. 口述换热器正常运行过程中每2h进行一次巡检； 2. 检查换热器本体、封头是否完好； 3. 检查流程、连接部位无“跑、冒、滴、漏”现象； 4. 检查各阀门开关状态； 5. 检查换热器管程、壳程进、出口工作压力、温度，在规定范围内； 6. 检查温度计是否在有效期内，量程在1/3~2/3之间，铅封是否完好，表壳有无破损裂痕，刻度是否清晰，指针有无松动现象； 7. 检查压力表是否在有效期内，量程在1/3~2/3之间；铅封是否完好，表壳有无破损裂痕，刻度是否清晰，指针有无松动现象； 8. 检查管程、壳程进口与出口压力表的压力差是否正常； 9. 检查静电接地、阀门跨接线是否牢固	设备检查，配套设施检查，流程检查	1. 未口述换热器正常运行巡检时间扣5分； 2. 未检查一处扣5分； 3. 未检查流程、连接部位“跑、冒、滴、漏”，一处扣5分； 4. 未检查阀门开关状态，一处扣10分； 5. 未检查换热器管程、壳程进出口压力、温度，一处扣10分； 6. 未检查温度计，一处扣5分，少检查一项扣2分； 7. 未检查压力表，一处扣5分，少检查一项扣2分；压力、温度读值方法不正确一次扣5分； 8. 未检查管程、壳程进口与出口压力表的压力差扣10分； 9. 未检查静电接地、阀门跨接线扣10分；检查漏一处扣2分	60		
4	填写报表	1. 记录换热器管程、壳程进出口压力； 2. 记录换热器管程、壳程进出口温度； 3. 记录换热器累计运行时间	规范填写报表及记录	1. 不记录压力、温度数值，一处扣5分；填写错误，一处扣5分； 2. 不记录换热器累计运行时间扣5分	15		
5	清理场地	清洁现场，收拾工具	清洁现场，收拾工具	未清理现场扣5分； 工具少收一件扣2分	5		

续表

序号	考核内容	操作规程	评分要素	评分标准	配分	扣分	得分
6	安全文明操作	1. 遵守国家或企业有关安全规定； 2. 操作过程中严格遵守“四不伤害”原则	遵守国家或企业有关安全规定	1. 每违反一项规定，从总分中扣5分； 2. 严重违规取消考核； 3. 因操作不当造成人身伤害，从总分中扣20分； 4. 不正确使用工具、用具，扣分项在安全文明操作项内扣除，一次扣2分，最多扣20分			
备注							
合计					100		

考评员：　　　　核分员：　　　　年　月　日

七、脱硫塔（干法）巡检操作

1. 考核要求

（1）必须穿戴劳动保护用品。
（2）工具、量具、用具准备齐全，正确使用。
（3）操作规程符合安全文明操作。
（4）按规定完成操作项目，质量达到技术要求。
（5）操作完毕，做到“工完、料净、场地清”。

2. 准备要求

（1）设备准备：

序号	名称	规格	数量	备注
1	脱硫塔（干式）		1台	

（2）材料准备：

序号	名称	规格	数量	备注
1	大布		若干	
2	手套		若干	
3	笔		1支	
4	报表		若干	

（3）工具、用具准备：

序号	名称	规格	数量	备注
1	四合一检测仪		1台	
2	正压式呼吸器		1套	
3	对讲机		1部	
4	活动扳手	350mm	1把	
5	开口扳手	17~19	1把	

3. 操作程序说明

1）检查工具、用具、量具

（1）检查各工具、用具及量具的可用性，须符合本次操作使用要求。

（2）按正压式空气呼吸器检查标准检查。

（3）检查四合一检测仪有无合格证、校验标签是否在有效期内，归零检测。

2）脱硫塔巡检操作

（1）脱硫塔正常运行期间 2h 进行一次巡回检查，巡检必须佩戴正压式空气呼吸器。

（2）检查脱硫塔流程，无“跑、冒、滴、漏”现象，各阀门的开关状态正常。

（3）检查脱硫塔本体、进出口压力、温度在规定范围内；检查脱硫塔静电接地完好（无脱落，牢固，有检验合格证在校验期内），流程内四孔法兰静电跨接线完好。

（4）检查连接螺栓、连接部位牢固，排污管线及阀门有无渗漏。

（5）检查二层台温度表及人孔连接处是否渗漏，并记录温度数值。

（6）顶层操作台检查脱硫塔顶部压力表、气出口管线完好、有无渗漏现象。

（7）检查安全阀连接有无“跑、冒、滴、漏”现象。

（8）检查安全阀校验铭牌是否在有效期内，铅封是否完好，本体有无破损裂痕，根部阀全开。

（9）检查温度计是否在有效期内，铅封是否完好，表壳有无破损裂痕，刻度是否清晰，指针有无松动现象。

（10）检查压力表是否在有效期内，量程是否在 1/3~2/3 之间，铅封是否完好，表壳有无破损裂痕，刻度是否清晰，指针有无松动现象。

（11）记录参数，填写报表，回收工具，清理现场。

4. 考核规定说明

（1）如发现操作过程中可能发生重大违章（如人身伤害、环境污染、设备损坏等），将终止操作。

（2）考核采用百分制，考核项目得分按鉴定比重进行折算。

（3）考核方式说明：本项目为实际操作题，考核过程按评分标准及操作过程进行评分。

（4）测量技能说明：本项目主要测试考生对脱硫塔重点参数录取及巡检技能掌握的熟练程度。

5. 考核时限

（1）准备工作：1min（不计入考核时间）。

（2）正式操作 20min。

（3）提前完成操作不加分，到时终止操作考核。

6. 评分记录表

脱硫塔(干法)巡检操作评分记录表

操作时间：20min　　　　考生：　　　　操作用时：

序号	考核内容	操作规程	评分要素	评分标准	配分	扣分	得分
1	准备	1. 穿戴好劳动保护用品； 2. 准备工具：F 扳手、对讲机、四合一检测仪、正压式呼吸器、手套、大布、笔、报表	工具、用具准备	1. 劳保穿戴不整齐扣5分； 2. 未准备工具扣10分，多、少一件扣1分； 3. 未检查四合一检测仪扣5分，少检查一项扣2分； 4. 未检查正压式呼吸器扣5分，少检查一项扣2分	10		
2	防护设施佩戴	佩戴正压式空气呼吸器	正压式空气呼吸器佩戴	未佩戴空气呼吸器此项不得分，步骤操作错误，一项扣5分	15		
3	检查脱硫塔流程	1. 口述：脱硫塔正常运行过程中每2h进行一次巡检； 2. 检查流程无“跑、冒、滴、漏”现象； 3. 检查阀门开关状态； 4. 检查脱硫塔本体、保温及进出口压力、温度在规定范围内； 5. 检查脱硫塔安全阀是否完好，安全阀校验铭牌在有效期内，铅封是否完好，本体有无破损裂痕；根部阀全开； 6. 检查温度计在有效期内，铅封是否完好，表壳有无破损裂痕，刻度是否清晰，指针有无松动现象； 7. 检查压力表在有效期内，量程在1/3～2/3之间；铅封是否完好，表壳有无破损裂痕，刻度是否清晰，指针有无松动现象； 8. 检查脱硫塔静电接地完好(无脱落，牢固，有检验合格证在校验期内)，流程内四孔法兰静电跨接线完好	1. 口述巡检时间； 2. 检查流程； 3. 各阀门的开关状态正常； 4. 检查进出口压力、温度； 5. 检查安全阀； 6. 检查温度计； 7. 检查压力表； 8. 检查静电接地、法兰跨接线	1. 未口述扣5分； 2. 未检查流程无“跑、冒、滴、漏”扣10分，少一处扣3分； 3. 未检查阀门开关状态扣10分，少一处扣5分； 4. 未检查脱硫塔本体、保温、进出口压力、温度，一处扣5分； 5. 未检查脱硫塔安全阀扣10分，少检查一项扣2分； 6. 未检查温度表，一处扣5分，检查内容少一项扣2分 7. 未检查压力表，一处扣5分，检查内容少一项扣2分； 8. 未检查脱硫塔静电接地扣10分，检查内容少一项扣2分；未检查四孔法兰静电跨接线扣10分，少检查一处扣2分	65		

续表

序号	考核内容	操作规程	评分要素	评分标准	配分	扣分	得分
4	清理场地、填写报表	1. 记录进、出口管线、脱硫塔压力、温度； 2. 清洁现场，收拾工具，做好相应记录	记录参数，填写数据	1. 不记录压力、温度数值或记录错误，一处扣5分； 2. 未清理现场扣除5分，工具少回收一件扣2分	10		
5	安全文明操作	1. 遵守国家或企业有关安全规定； 2. 操作过程中严格遵守“四不伤害”原则	遵守国家或企业有关安全规定	1. 每违反一项规定，从总分中扣5分； 2. 因操作不当造成人身伤害，从总分中扣20分； 3. 不正确使用工具、用具，扣分项在安全文明操作项内扣除，一次扣2分，最多扣20分			
备注							
合计					100		

考评员： 核分员： 年 月 日

7. 巡检报表

硫塔巡检(干法)报表

脱硫塔进口		脱硫塔出口		脱硫塔		备注
压力/MPa	温度/℃	压力/MPa	温度/℃	压力/MPa	温度/℃	

填表人： 填表日期：

八、脱硫塔(负压)巡检操作

1. 考核要求

(1) 必须穿戴劳动保护用品。
(2) 工具、量具、用具准备齐全，正确使用。
(3) 操作规程符合安全文明操作。
(4) 按规定完成操作项目，质量达到技术要求。
(5) 操作完毕，做到“工完、料净、场地清”。

2. 准备要求

(1) 设备准备：

序　号	名　称	规　格	数　量	备　注
1	脱硫塔(负压)		1座	

(2) 材料准备：

序　号	名　称	规　格	数　量	备　注
1	大布		若干	
2	手套		若干	
3	报表		1张	
4	笔		1支	

(3) 工具、用具准备：

序　号	名　称	规　格	数　量	备　注
1	四合一气体检测仪		1台	
2	正压式呼吸器		1套	
3	F扳手		1把	
4	对讲机		1部	
5	活动扳手	350mm	1把	
6	开口扳手	17~19	1把	

3. 操作程序说明

1）检查工具、用具、量具

（1）检查各工具、用具及量具的可用性，须符合本次操作使用要求。

（2）按正压式空气呼吸器检查标准检查。

（3）检查四合一检测仪有无合格证、校验标签是否在有效期内，是否有归零检测。

2）脱硫塔巡检操作

（1）脱硫塔运行过程中每2h进行一次巡检，巡检必须佩戴正压式空气呼吸器。

（2）检查脱硫塔流程，无“跑、冒、滴、漏”现象，各阀门的开关状态正常。

（3）检查脱硫塔本体、进出口压力、温度在规定范围内；检查静电接地完好（无脱落，牢固，有检验合格证在校验期内），流程内四孔法兰静电跨接线完好。

（4）检查安全阀连接应无“跑、冒、滴、漏”现象。

（5）检查安全阀校验铭牌在有效期内，铅封是否完好，本体有无破损裂痕，根部阀全开。

（6）检查温度计在有效期内，铅封是否完好，表壳有无破损裂痕，刻度是否清晰，指针有无松动现象。

（7）检查压力表在有效期内，量程在1/3～2/3之间，铅封是否完好，表壳有无破损裂痕，刻度是否清晰，指针有无松动现象。

（8）脱硫塔液位在液位计的1/2～2/3之间；确认液位计通畅，排污阀完好；口述在冬季生产时，检查电伴热工作正常。

（9）检查远程仪表是否完好，与现场表是否一致。

3）填写报表

（1）记录参数，填写数据，字迹应正确、完整、清晰、无涂改。

（2）记录脱硫塔进、出口压力、温度（包括：干气、液相）。

（3）记录脱硫塔液位，进液、干气流量。

（4）记录巡检时间，回收工具，清理现场。

4. 考核规定说明

（1）如发现操作过程中可能发生重大违章（如人身伤害、环境污染、设备损坏等），将取消操作。

（2）考核采用百分制，考核项目得分按鉴定比重进行折算。

（3）考核方式说明：本项目为实际操作题，考核过程按评分标准及操作过程进行评分。

（4）考评技能说明：本项目主要测试考生对脱硫塔巡检技能掌握的熟练程度。

5. 考核时限

（1）准备工作：1min（不计入考核时间）。

（2）正式操作时间：20min。

（3）提前完成操作不加分，到时终止操作考核。

6. 评分记录表

脱硫塔巡检操作评分记录表

操作时间：20min　　　　考生：　　　　操作用时：

序号	考核内容	操作规程	评分要素	评分标准	配分	扣分	得分
1	准备	1. 穿戴好劳动保护用品； 2. 准备工具：活动扳手、开口扳手、F 扳手、对讲机、四合一检测仪、正压式呼吸器、手套、大布、笔、报表	工具、用具准备	1. 劳保穿戴不整齐扣 5 分； 2. 未准备工具扣 10 分，多、少一件扣 1 分； 3. 未检查四合一检测仪扣 5 分，少检查一项扣 2 分； 4. 未检查正压式呼吸器扣 5 分，少检查一项扣 2 分	10		
2	防护设施佩戴	佩戴正压式空气呼吸器	正压式空气呼吸器佩戴	未佩戴空气呼吸器此项不得分，步骤操作错误一项扣 5 分	15		
3	脱硫塔巡检	1. 口述脱硫塔正常运行过程中每 2h 进行一次巡检； 2. 检查脱硫塔外观、保温层、基础完好；连接螺栓牢固；流程无“跑、冒、滴、漏”现象；检查静电接地完好（无脱落，牢固，有检验合格证在校验期内），流程内四孔法兰静电跨接线完好； 3. 检查阀门开关状态； 4. 检查脱硫塔、进、出口管线压力、温度是否正常，远程仪表与现场表是否一致； 5. 检查脱硫塔安全阀是否正常；检查安全阀校验铭牌是否在有效期内，铅封是否完好，本体有无破损裂痕；根部阀全开； 6. 检查温度计在有效期内，铅封是否完好，表壳有无破损裂痕，刻度是否清晰，指针有无松动现象； 7. 检查压力表在有效期内，量程在 1/3～2/3 之间；铅封是否完好，表壳有无破损裂痕，刻度是否清晰，指针有无松动现象； 8. 检查液位计正常，液位在液位计的 1/2～2/3 之间；口述在冬季生产时，检查电伴热工作正常； 9. 检查进出液流量，干气进塔流量是否在规定范围	流程检查，设备检查	1. 未口述扣 5 分； 2. 未检查外观、基础、保温层、连接螺栓，一处扣 5 分；流程“跑、冒、滴、漏”一处未检查扣 10 分；未检查脱硫塔静电接地扣 10 分，检查内容少一项扣 3 分；未检查四孔法兰静电跨接线，一处扣 2 分； 3. 未检查阀门开关状态，一处扣 5 分； 4. 未检查脱硫塔、进出口管线压力、温度，一处扣 5 分；远程仪表与现场表不一致，未查找原因和整改一处扣 10 分； 5. 未检查脱硫塔安全阀扣 10 分，检查少一项扣 2 分； 6. 未检查温度计一处扣 5 分，检查内容少一项扣 2 分； 7. 未检查压力表，一处扣 5 分，检查内容少一项扣 2 分； 8. 未检查液位扣 10 分，未口述扣 5 分； 9. 未检查扣 10 分，少一项扣 5 分	65		

续表

序号	考核内容	操作规程	评分要素	评分标准	配分	扣分	得分
4	清理场地，填写报表	1. 记录进出口管线、脱硫塔压力、温度； 2. 记录脱硫塔进出液流量、干气流量、压力；记录巡检时间； 3. 清洁现场，回收工具	规范填写报表及记录	1. 不记录或填错压力、温度、液位、流量数值，一处扣5分； 2. 不记录巡检时间扣5分； 3. 未清理现场扣5分，工具少回收一件扣1分	10		
5	安全文明操作	1. 遵守国家或企业有关安全规定； 2. 操作过程中严格遵守“四不伤害”原则	遵守国家或企业有关安全规定	1. 每违反一项规定，从总分中扣5分； 2. 严重违规取消考核； 3. 因操作不当造成人身伤害，从总分中扣20分； 4. 不正确使用工具、用具，扣分项在安全文明操作项内扣除，一次扣2分，最多扣20分			
备注							
合计					100		

考评员： 核分员： 年 月 日

九、储油罐巡检操作

1. 考核要求

(1) 必须穿戴劳动保护用品。
(2) 工具、量具、用具准备齐全，正确使用。
(3) 操作规程符合安全文明操作。
(4) 按规定完成操作项目，质量达到技术要求。
(5) 操作完毕，做到“工完、料净、场地清”。

2. 准备要求

(1) 设备准备：

序号	名称	规格	数量	备注
1	储油罐		1座	

(2) 材料准备：

序号	名称	规格	数量	备注
1	大布		若干	
2	手套		若干	
3	报表		1张	
4	笔		1支	

(3) 工具、用具准备：

序号	名称	规格	数量	备注
1	四合一气体检测仪		1台	
2	正压式呼吸器		1套	
3	F扳手		1把	
4	对讲机		1部	

3. 操作程序说明

1）检查工具、用具、量具

（1）检查各工具、用具及量具的可用性，须符合本次操作使用要求。

（2）按正压式空气呼吸器检查标准检查。

（3）检查四合一检测仪有无合格证、校验标签是否在有效期内，是否有归零检测。

2）检查储油罐流程

（1）储油罐运行过程中每2h进行一次巡检；巡检必须佩戴正压式空气呼吸器。

（2）检查储油罐流程，无“跑、冒、滴、漏”现象，各阀门的开关状态正常；检查储油罐罐体、基础、保温层完好；检查静电接地完好（无脱落，牢固，有检验合格证在校验期内），流程内四孔法兰静电跨接线完好。

（3）检查储油罐附件是否完好，量油口、人孔、透光孔完好。

（4）检查液压安全阀液压油是否在规定标尺刻度、呼吸阀、阻火器正常。

（5）检查温度计在有效期内，铅封是否完好，表壳有无破损裂痕，刻度是否清晰，指针有无松动现象。

（6）检查压力表在有效期内，量程在1/3~2/3之间，铅封是否完好，表壳有无破损裂痕，刻度是否清晰，指针有无松动现象。

（7）检查储油罐液位；确认液位计正常，排污阀完好；口述在冬季生产时，检查加热系统工作正常。

（8）检查远程压力表、温度计、液位、界面仪是否与现场表一致。

（9）检查消防设施完好。

3）填写报表

（1）记录参数，填写数据，字迹应正确、完整、清晰、无涂改。

（2）记录储油罐压力、温度、液位、界面。

（3）记录巡检时间，回收工具，清理现场。

4. 考核规定说明

（1）如发现操作过程中可能发生重大违章（如人身伤害、环境污染、设备损坏等），将取消操作。

（2）考核采用百分制，考核项目得分按鉴定比重进行折算。

（3）考核方式说明：本项目为实际操作题，考核过程按评分标准及操作过程进行评分。

（4）考评技能说明：本项目主要测试考生对储油罐巡检技能掌握的熟练程度。

5. 考核时限

（1）准备工作：1min（不计入考核时间）。

（2）正式操作时间：15min。

（3）提前完成操作不加分，到时终止操作考核。

6. 评分记录表

储油罐巡检操作评分记录表

操作时间：15min　　考生：　　操作用时：

序号	考核内容	操作规程	评分要素	评分标准	配分	扣分	得分
1	准备	1. 穿戴好劳动保护用品； 2. 准备工具：活动扳手、开口扳手、F 扳手、对讲机、四合一检测仪、正压式呼吸器、手套、大布、笔、报表	工具、用具准备	1. 劳保穿戴不整齐扣 5 分； 2. 未准备工具扣 10 分，多、少一件扣 1 分； 3. 未检查四合一检测仪扣 5 分，少检查一项扣 2 分； 4. 未检查正压式呼吸器扣 5 分，少检查一项扣 2 分	10		
2	防护设施佩戴	佩戴正压式空气呼吸器	正压式空气呼吸器佩戴	未佩戴空气呼吸器此项不得分，步骤操作错误，一项扣 5 分	15		
3	巡检	1. 口述储油罐正常运行过程中每 2h 进行一次巡检； 2. 检查储油罐保温层、基础完好；连接螺栓牢固；流程无“跑、冒、滴、漏”；检查静电接地完好（无脱落，牢固，有检验合格证在校验期内），流程内四孔法兰静电跨接线完好； 3. 检查阀门开关状态； 4. 检查储油罐、进出管线口压力、温度在规定范围内；远传仪表显示正常，与现场一致； 5. 检查储油罐附件连接有无“跑、冒、滴、漏”现象；检查安全阀液位是否在规定标尺刻度；阻火器、呼吸阀正常； 6. 检查温度计在有效期内，铅封是否完好，表壳有无破损裂痕，刻度是否清晰，指针有无松动现象； 7. 检查压力表在有效期内，量程在 1/3～2/3 之间；铅封是否完好，表壳有无破损裂痕，刻度是否清晰，指针有无松动现象； 8. 储油罐液位在规定范围内；消防设施完好，口述在冬季生产时，检查电伴热工作正常	流程检查，设备检查	1. 未口述扣 5 分； 2. 未检查基础、保温层扣 5 分；未检查连接螺栓，一处扣 5 分；流程“跑、冒、滴、漏”，一处未检查扣 10 分；未检查静电接地扣 10 分，检查内容少一项扣 3 分；未检查四孔法兰静电跨接线，一处扣 2 分； 3. 未检查阀门开关状态，一处扣 5 分； 4. 未检查储油罐、进出口管线压力、温度，一处扣 5 分；远传仪表与现场表不一致，未查找原因和整改，一处扣 10 分； 5. 未检查储油罐安全附件、量油口、人孔、透光孔，一处扣 5 分； 6. 未检查温度计，一处扣 5 分，少检查一项扣 2 分； 7. 未检查压力表，一处扣 5 分，少检查一项扣 2 分； 8. 未检查液位扣 10 分；未检查消防设施扣 10 分，检查少一处扣 5 分；未口述扣 5 分	65		

续表

序号	考核内容	操作规程	评分要素	评分标准	配分	扣分	得分
4	清理场地，填写报表	1. 记录储油罐进出口管线、压力、温度； 2. 记录储油罐液位、界面； 3. 清洁现场，收拾工具	规范填写报表及记录	1. 不记录或填错压力、温度、液位、界面数值，一处扣5分； 2. 不记录巡检时间扣5分； 3. 未清理现场扣5分，工具少回收一件扣1分	10		
5	安全文明操作	1. 遵守国家或企业有关安全规定； 2. 操作过程中严格遵守“四不伤害”原则	遵守国家或企业有关安全规定	1. 每违反一项规定，从总分中扣5分；未按上罐安全管理规定操作，每违反一条，从总分中扣5分； 2. 严重违规取消考核； 3. 因操作不当造成人身伤害，从总分中扣20分； 4. 不正确使用工具、用具，扣分项在安全文明操作项内扣除，一次扣2分，最多扣20分			
备注							
合　计					100		

考评员：　　　　核分员：　　　　年　月　日

7. 巡检报表

储油罐巡检报表

进口管线		出口管线		液位/m	温度/℃	压力/MPa	油水界面	液压油液位/m	巡检时间	备　注
压力/MPa	温度/℃	压力/MPa	温度/℃							

填表人：　　　　填表日期：

十、污水沉降罐巡检操作

1. 考核要求

（1）必须穿戴劳动保护用品。
（2）工具、用具准备齐全，正确使用。
（3）操作规程符合安全文明操作。
（4）按规定完成操作项目，质量达到技术要求。
（5）操作完毕，做到“工完、料净、场地清”。

2. 准备要求

（1）设备准备：

序　号	名　称	规　格	数　量	备　注
1	污水沉降罐		1 座	

（2）材料准备：

序　号	名　称	规　格	数　量	备　注
1	大布		若干	
2	手套		若干	
3	笔		1 支	
4	报表		若干	

（3）工具、用具准备：

序　号	名　称	规　格	数　量	备　注
1	硫化氢检测仪		1 台	
2	正压式呼吸器		1 套	
3	对讲机		1 部	

3. 操作程序说明

1）检查工具、用具、量具
（1）检查各工具、用具的可用性，须符合本次操作使用要求。
（2）检查四合一检测仪有无合格证、校验标签是否在有效期内，归零检测。
（3）按正压式空气呼吸器检查标准检查。

2）巡检内容

（1）检查沉降罐运行液位，严禁超位运行。

（2）检查沉降罐护坡是否完好，与罐接触处无裂缝。

（3）检查沉降罐罐体保温层是否完好。

（4）检查沉降罐进出口阀门收油阀门和排污、抽空等阀门开关状态，压力应符合要求。

（5）检查伴热情况是否符合要求(冬季)。

（6）检查排污孔、清扫孔密封是否完好，无渗漏现象。

（7）检查扶梯、护栏是否牢固、完好。

（8）检查液位计灵活、好用，导向轮固定良好，钢丝绳在绳槽内，标尺指示清晰。

（9）检查罐顶各呼吸阀、液压安全阀、阻火器及检尺孔应完好、无损，灵活好用；检查液压安全阀的油位高度保持在合理区间内。

（10）检查罐顶防腐是否完好，有无积水、积雪、积油、杂物、油污等。

（11）沉降罐静电接地完好，远传仪表正常与现场表一致。

（12）填写报表。

4. 考核规定说明

（1）如发现操作过程中可能发生重大违章(如人身伤害、环境污染、设备损坏等)，将终止操作。

（2）考核采用百分制，考核项目得分按鉴定比重进行折算。

（3）考核方式说明：本项目为实际操作题，考核过程按评分标准及操作过程进行评分。

（4）测量技能说明：本项目主要测试考生对污水沉降罐例行巡检的熟练程度。

5. 考核时限

（1）准备工作：1min(不计入考核时间)。

（2）正式操作 15min(2000m^3 以上的罐根据实际情况延长)。

（3）提前完成操作不加分，到时终止操作考核。

6. 评分记录表

污水沉降罐巡检操作评分记录表

操作时间：15min　　考生：　　操作用时：

序号	考核内容	操作规程	评分要素	评分标准	配分	扣分	得分
1	准备及检查	对讲机、硫化氢检测仪、正压式呼吸器、手套、大布、笔、报表	工具、用具准备	1. 未准备工具、用具扣10分，少一件扣2分； 2. 未检查硫化氢检测仪扣10分，少检查一项扣2分； 3. 未检查正压式呼吸器扣10分，少检查一项扣2分	15		

续表

序号	考核内容	操作规程	评分要素	评分标准	配分	扣分	得分
2	沉降罐下部及周边检查	1. 检查沉降罐运行液位，严禁超位运行； 2. 检查沉降罐护坡是否完好，与罐接触处无裂缝； 3. 检查沉降罐罐体保温层是否完好； 4. 检查伴热情况是否符合要求(冬季)	1. 沉降罐运行液位； 2. 沉降罐下部及周边	1. 未检查沉降罐运行液位扣10分； 2. 未沿沉降罐周边检查护坡扣10分，检查不到位扣5分； 3. 未检查罐体保温情况扣10分，检查不到位扣5分； 4. 冬季未检查伴热情况扣5分	20		
3	流程检查	1. 检查沉降罐进出口阀门、收油阀门、和排污、抽空等阀门开关状态，压力应符合要求； 2. 检查排污孔、清扫孔密封是否完好，无渗漏现象； 3. 检查沉降罐静电接地完好，检查远传仪表与现场仪表是否一致	1. 沉降罐工艺管道检查； 2. 沉降罐底部附件	1. 未检查沉降罐工艺流程此项不得分，少检查一处阀门扣2分； 2. 未检查沉降罐底部排污孔、清扫孔扣10分，少检查一处扣3分； 3. 未检查一处扣2分； 4. 现场压力表、温度表、远传仪表，一处未检查扣5分，检查内容少一项扣2分	25		
4	沉降罐上部检查	1. 检查扶梯、护栏是否牢固、完好； 2. 检查液位计应灵活、好用，导向轮固定良好，钢丝绳在绳槽内，标尺指示清晰； 3. 检查罐顶各呼吸阀、液压安全阀、阻火器及检尺孔应完好、无损，灵活好用；检查液压安全阀的油位高度是否保持在1/3处； 4. 检查罐顶防腐是否完好，有无积水、积雪、积油、杂物、油污等	1. 沉降罐顶部安全附件； 2. 液位计钢丝绳及导向轮	1. 未检查扶梯、护栏情况扣10分，少检查一处扣5分； 2. 未检查液位计扣10分，少检查一项扣5分； 3. 未检查罐顶安全附件扣20分，少检查一项5分； 4. 未检查罐顶情况扣10分，少一项扣2分	30		
5	清理场地填写报表	清洁现场，收拾工具，做好相应记录	记录参数，填写数据	1. 字迹不清晰一处扣2分； 2. 涂改一处扣5分； 3. 漏填、少填一处扣5分； 4. 未清洁场地扣5分；未回收工具扣10分，少一件扣2分	10		

续表

序号	考核内容	操作规程	评分要素	评分标准	配分	扣分	得分
6	安全文明操作	1. 遵守国家或企业有关安全规定； 2. 操作过程中严格遵守“四不伤害”原则	遵守国家或企业有关安全规定	1. 每违反一项规定，从总分中扣5分； 2. 因操作不当造成人身伤害，从总分中扣20分； 3. 不正确使用工具、用具，扣分项在安全文明操作项内扣除，一次扣2分，最多扣20分			
备注							
合　计					100		

考评员：　　　　核分员：　　　　年　月　日

7. 巡检报表

污水沉降罐巡检报表

进口管线		出口管线		液位/m	温度/℃	压力/MPa	液压油液位/m	备　注
压力/MPa	温度/℃	压力/MPa	温度/℃					

填表人：　　　　填表日期：

中级工

十一、油罐量油测温操作

1. 考核要求

(1) 必须穿戴劳动保护用品。
(2) 工具、量具、用具准备齐全，正确使用。
(3) 操作规程符合安全文明操作。
(4) 按规定完成操作项目，质量达到技术要求。
(5) 操作完毕，做到工具、用具净、场地清。

2. 准备要求

(1) 设备准备：

序 号	名 称	规 格	数 量	备 注
1	油罐		1座	

(2) 材料准备：

序 号	名 称	规 格	数 量	备 注
1	大布		若干	
2	防油手套		1双	
3	清洗剂		若干	
4	纸		若干	
5	笔		1支	
6	毛刷		1把	
7	清洗盆		1个	

(3) 工具、用具、量具准备：

序号	名称	规格	数量	备注
1	量油尺	10m、15m、20m、25m	各1把	精度等级1mm
2	污油桶		1个	
3	计算器		1个	
4	测温盒		1个	
5	十字螺丝刀		1把	
6	温度计	-10~80℃	1个	精度等级0.1℃
7	四合一检测仪		1台	
8	正压式呼吸器		1套	
9	工具托盘		1个	

3. 操作程序说明

1) 检查工具、用具、量具

(1) 根据罐高选择合适的量油尺。

(2) 检查量油尺应符合要求(检查合格证、校验日期、连接是否牢固、尺身和铜锤刻度是否清晰、尺身无折扭、收放灵活)。

(3) 检查测温盒应符合要求(连接牢固、检查合格证书、校验日期、上下闭合器密封良好开关灵活、尺身刻度是否清晰、尺身无折扭、收放灵活)。

(4) 检查温度计应符合要求(检查合格证书、校验日期、水银柱无断裂、刻度清晰)。

(5) 检查四合一检测仪有无合格证、校验标签是否在有效期内，归零检测。

(6) 按正压式空气呼吸器检查标准检查。

2) 上罐须知

(1) 打开静电门，上罐时必须穿戴好防静电劳动保护用品和无铁钉劳保鞋执行上罐安全技术规范。

(2) 上罐时要注意安全并释放静电，一手扶扶梯，一手拿工具。

(3) 五级以上大风天气禁止上罐量油。

(4) 严禁超过五人同时上罐操作或在罐顶从事与工作无关的活动。

(5) 严禁在罐顶开关手电或用铁器敲打设备以及用其他方法照明。

3) 量油操作

(1) 根据要求静止罐内液面(轻质油静止30min，重质油静止120min)。

(2) 站在上风口方向打开量油孔盖锁紧手轮，用脚打开油罐量油孔盖。

(3) 平稳(手不能脱离操作手柄)下尺进行检测(检尺时应在指定的检尺点下尺，应进行多次检测(在同一检尺点检尺)，检测取相邻两次的检测值，差值大于2mm重新检尺，两次测值相差 1~2mm 时，则取两次测值的算数平均值作为计量罐内液位高度；两次测值相差≤1mm 时则以前次测得值作为计量罐内液位高度；液位高度 h 用公式计算：$h=H-H_1+H_2$；式中，h 为液位高度，m；H 为参照高度(俗称检尺口总高)，m；H_1 为尺带对准计量口上部基准点读数(俗称下尺高度)，m；H_2 为铜锤被油浸没部分读数(俗称沾油高度)，m；下尺、提尺速度不超过 1m/s。

(4) 读数规定(尺身须在检尺口卡槽内读数、铜锤须与视线平行读数)；

(5) 做好记录；量油尺上提过程中须擦拭并卷好。

4) 油罐测温

(1) 将温度计装入测温盒(罐下或罐上).

(2) 根据检尺确定测温点和每点的高度(①油高 3m 以下，在油品中部测一次；②油高 3~4. 5m，在上部和下部测两点，取算术平均值；③油高 4. 5m 以上，在上部、中部和下部测三点，取平均值)。

(3) 测温前将测温盒与金属罐壁接触，释放静电。

(4) 将测温盒沿测量口(与检尺点相同)放到规定的液面高度(下放速度不超过 1m/s)。

(5) 到达测温点高度(±0. 15m)反复提放测温盒，允溢至少 2min。

(6) 到达规定的浸没时间(轻质油不少于 5min，原油、重油不少于 10min)将其提出(上提速度不超过 1m/s)，读取温度值(温度计刻度与视线平行时读数)，并记录所测数值。

(7) 根据罐高要求计算测温点，重复步骤(4)~(6)，测取其他各点温度值。

(8) 擦拭测温盒。

(9) 盖好量油孔盖，清理量油孔，下罐。

(10) 回收工具填写报表。

(11) 下罐后用清洗剂清洗量油尺油污，清洁现场，回收工具，做好相应记录。

4. 考核规定说明

(1) 如操作违章，将停止考核。

(2) 考核采用百分制，考核项目得分按鉴定比重进行折算。

(3) 考核方式说明：本项目为实际操作题，考核过程按评分标准及操作过程进行评分。

(4) 测量技能说明：本项目主要测试考生对油罐量油检尺操作计技能掌握的熟练程度。

5. 考核时限

(1) 准备工作：1min(不计入考核时间)。

(2) 正式操作时间：25min。

(3) 提前完成操作不加分，到时停止操作考核。

6. 评分记录表

油罐量油测温操作评分记录表

操作时间：25min　　考生：　　操作用时：

序号	考核内容	操作规程	评分要素	评分标准	配分	扣分	得分
1	准备	1. 穿戴好劳动保护用品； 2. 准备工具：四合一检测仪、正压式呼吸器、测温盒、大布、笔、计算器、量油钢卷尺、十字螺丝刀、纸、三格工具托盘(一格放工具、一格放纸笔计算器、一格放测量仪器仪表)、污油桶、清洗剂、清洗盆、防油手套、毛刷、温度计	准备工具、量具、用具	1. 劳保穿戴不整齐扣5分； 2. 未准备工具及材料扣5分，少准备一件扣1分； 3. 未检查四合一检测仪扣10分，少检查一项扣2分； 4. 未检查正压式呼吸器扣10分，少检查一项扣2分	10		
2	检查工具用具	1. 检查量油尺应符合要求(检查合格证、校验日期、尺身与铜锤连接牢固、尺身和铜锤刻度是否清晰、尺身无折扭、收放灵活)； 2. 检查测温盒应符合要求(连接牢固、检查合格证书、校验日期、上下闭合器密封良好开关灵活、尺身刻度是否清晰、尺身无折扭、收放灵活)； 3. 检查温度计应符合要求(检查合格证书、校验日期、水银柱无断裂、刻度清晰)	检查量油尺、测温盒、温度计	1. 未检查量油尺扣5分，少检查一项扣2分； 2. 未检查测温盒扣5分，少检查一项扣2分； 3. 未检查温度计扣5分，少检查一项扣2分	15		
3	上罐须知	1. 打开静电门，上罐时必须穿戴好防静电劳动保护用品和无铁钉劳保鞋执行上罐安全技术规范； 2. 上罐时释放静电，一手扶扶梯，一手拿工具； 3. 五级以上大风天气禁止上罐量油； 4. 严禁超过五人同时上罐操作或在罐顶从事与工作无关的活动； 5. 严禁在罐顶开关手电或用铁器敲打设备和用其他方法照明	上罐五项安全规定	不清楚上罐须知扣10分，少一条扣3分	10		

续表

序号	考核内容	操作规程	评分要素	评分标准	配分	扣分	得分
4	量油操作	1. 根据要求静止罐内液面(轻质油静置30min，重质油静止120min)； 2. 站在上风口方向打开量油孔盖； 3. 打开量油孔盖锁紧手轮，用脚打开油罐量油孔盖； 4. 平稳(手不能脱离操作手柄)下尺进行检测(检尺时应在指定的检尺点下尺，应进行多次检测(在同一检尺点检尺)，检测取相邻两次的检测值，差值大于2mm重新检尺，两次测值相差在1~2mm时，则取两次测值的算数平均值作为计量罐内液位高度；两次测值相差≤1mm时则以前次测得值作为计量罐内液位高度；液位高度h用公式计算：$h=H-H_1+H_2$；式中，h为液位高度，m；H为参照高度(俗称检尺口总高)，m；H_1为尺带对准计量口上部基准点读数(俗称下尺高度)，m；H_2为铜锤被油浸没部分读数(俗称沾油高度)，m； 5. 读数规定(尺身须在检尺口卡槽内读数、铜锤须与视线平行读数)； 6. 做好记录； 7. 量油尺上提过程中须擦拭并卷好	平稳检尺，读数，记录	1. 不清楚液面静止时间扣5分，少一项2分； 2. 站在下风口的位置进行操作，该项不得分； 3. 未用手打开量油孔盖锁紧手轮扣5分，未用脚打开油罐量油孔盖扣5分；未轻开量油口盖扣5分； 4. 未平稳下尺或提尺(下尺、上提速度超过1m/s)扣5分； 5. 滑尺扣10分； 6. 铜锤刻度未沾油或沾油超过铜锤扣5分； 7. 提尺未连续擦尺身扣3分； 8. 未正确读取数值扣10分； 9. 未按规定读取沾油刻度扣10分； 10 记录数值与实测数值不符扣5分； 11. 记录数值少一项扣5分，错一项扣3分； 12. 未第二次检尺操作或两次检尺数相差超过2mm未重新检尺，该项不得分； 13. 两次下尺不在量油口的同一位置扣5分； 14. 读值不正确，一次扣5分； 15. 未写公式扣5分，公式错误扣5分； 16. 计算错误扣10分	30		

续表

序号	考核内容	操作规程	评分要素	评分标准	配分	扣分	得分
5	测温操作	1. 将温度计装入测温盒(罐下或罐上)； 2. 根据检尺确定测温点和每点的高度(①油高3m以下，在油品中部测一次；②油高3~4.5m，在上部和下部测两点，取算术平均值；③油高4.5m以上，在上部、中部和下部测三点，测三点取平均值)； 3. 测温前将测温盒与金属罐壁接触，释放静电； 4. 将测温盒沿测量口(与检尺点相同)放到规定的液面高度(下放速度不超过1m/s)； 5. 到达测温点高度(±0.15m)反复提放测温盒，充溢至少2min； 6. 到达规定的浸没时间(轻质油不少于5min，原油、重油不少于10min)将其提出(上提速度不超过1m/s)，读取温度值(温度计刻度与视线平行时读数)，并记录所测数值； 7. 根据罐高要求计算的测温点，重复步骤4~6，测取其他各点温度值； 8. 擦拭测温盒； 9. 盖好量油孔盖，清理量油孔，安全下罐	1. 安装测温装置； 2. 计算、测温； 3. 读值、记录	1. 损坏温度计，此项不得分； 2. 未安装温度计测温，此项不得分； 3. 不会计算测温点，此项不得分； 4. 不清楚测温点要求一项扣2分； 5. 测温点计算错误，一处扣5分； 6. 未释放静电扣20分； 7. 超过下放、上提速度扣5分；尺带不与测量口卡槽接触扣5分 8. 未充溢扣20分，未按要求充溢扣5分； 9. 浸没时间不够扣5分，不清楚浸没时间，一项扣2分； 10. 读值不准扣10分； 11. 未规范读值扣5分； 12. 未记录所测数值扣2分； 13. 提尺未连续擦尺身扣2分； 14. 未擦拭测温盒扣3分； 15. 未关闭量油孔扣4分； 16. 未清理量油孔卫生扣1分； 17. 下罐时不连续扶扶梯扣2分	30		
6	回收工具，填写报表	下罐后用清洗剂清洗工具、用具油污，清洁现场，回收工具，做好相应记录	1. 回收工具，清洁场地，填写报表； 2. 记录参数，填写数据，字迹应正确、完整、清晰、无涂改	1. 未清洗工具、用具一件扣1分，工具少收一件扣1分； 2. 未清理现场扣5分； 3. 字迹不清晰一处扣1分； 4. 涂改一处扣1分； 5. 漏填少填一处扣1分	5		

续表

序号	考核内容	操作规程	评分要素	评分标准	配分	扣分	得分
7	安全文明操作	1. 遵守国家或企业有关安全规定； 2. 操作过程中严格遵守“四不伤害”原则	遵守国家或企业有关安全规定	1. 每违反一项规定，从总分中扣5分； 2. 因操作不当造成人身伤害，从总分中扣20分； 3. 严重违规取消考核资格； 4. 不正确使用工具、用具，扣分项在安全文明操作项内扣除，一次扣2分，最多扣20分			
备注							
合　计					100		

考评员：　　　　核分员：　　　　年　月　日

7. 报表

大罐量油测温报表

罐号：　　　　年　月　日

检尺口高度给定值(抽签确定)						
第一次检尺	下尺高度/mm		沾油高度/mm		测油罐空尺高度/mm	
第二次检尺	下尺高度/mm		沾油高度/mm			
油高/mm						

测温点	第一次测温点	下尺高度/mm		温度值/℃		备注：考核只测量一处温度（测温盒下至实际液面以下1m左右）
	第二次测温点	下尺高度/mm		温度值/℃		
	第三次测温点	下尺高度/mm		温度值/℃		

计算：

填报人：

十二、清洗离心泵过滤器操作

1. 考核要求

(1) 必须穿戴劳动保护用品。
(2) 工具、量具、用具准备齐全，正确使用。
(3) 操作规程符合安全文明操作。
(4) 按规定完成操作项目，质量达到技术要求。
(5) 操作完毕，做到"工完、料净、场地清"。

2. 准备要求

(1) 设备准备：

序号	名称	规格	数量	备注
1	过滤器		1台	

(2) 材料准备：

序号	名称	规格	数量	备注
1	金属垫片	根据现场选定	1个	
2	滤网	根据现场选定	1个	
3	大布		若干	
4	手套		1副	
5	清洗剂		若干	
6	润滑油	3号锂基脂	若干	
7	笔		1支	
8	报表		若干	
9	粉笔		若干	

(3) 工具、用具、量具准备：

序 号	名 称	规 格	数 量	备 注
1	活动扳手	450mm	2把	
2	梅花扳手		1套	
3	F扳手		1把	
4	刮刀		1把	
5	撬杠	150mm	1根	
6	钢丝刷		1把	
7	钢板尺	1000mm	1把	
8	污油盆		1个	

3. 操作程序说明

1) 检查工具、用具、量具

(1) 检查各工具、用具及量具的可用性，须符合本次操作使用要求。

(2) 检查钢板尺刻度清晰、无划痕，有合格证，在校验日期内。

2) 倒流程

(1) 记录压力，检查流程，通知相关部门进行停(倒)泵作业。

(2) 停泵、倒泵(按照离心泵启、停泵操作进行)，断电挂检修警示牌。

(3) 侧身缓慢打开过滤器管线泄压阀，待压力表指针落零时，缓慢打开过滤器排污阀(丝堵)及过滤器上的放气阀(丝堵)，进行排污。

3) 清洗过滤器

(1) 先在压盖做记号，再使用合适的梅花扳手拆卸压盖螺栓，用撬杠对称撬动压盖缝隙，均匀用力，把压盖向上抬起，放在平整的地方。

(2) 取出过滤网，清理过滤器内杂质。

(3) 清洗过滤网并检查，如滤网损坏，更换相同目数的滤网。

(4) 擦净过滤器法兰密封面及压盖密封面，用刮刀清理密封面、密封水线。

4) 选取合适垫片

用直尺测量出密封面内外孔径，选择相同规格的金属垫片。

5) 安装过滤器

(1) 将符合要求的过滤网放入过滤器内安装牢固。

(2) 正确安装过滤器压盖(加入密封垫片，对角紧固螺栓)。

6) 投运试压

(1) 关闭排污阀(丝堵)、放气阀(丝堵)，打开进口阀门1 ~2扣进行试压，待压力平衡后缓慢打开放气阀排尽过滤器内气体，见液后关闭放气阀，检查渗漏情况，若不渗漏投入正常生产。

(2) 生产过程中要关注过滤器前后压差应小于0.05MPa。

7）清理场地

清洁现场，收拾工具，做好相应记录。

4. 考核规定说明

（1）如发现操作过程中可能发生重大违章（如人身伤害、环境污染、设备损坏等），将终止操作。

（2）考核采用百分制，考核项目得分按鉴定比重进行折算。

（3）考核方式说明：本项目为实际操作题，考核过程按评分标准及操作过程进行评分。

（4）测量技能说明：本项目主要测试考生对离心泵过滤器清洗技能掌握的熟练程度。

5. 考核时限

（1）准备工作：1min（不计入考核时间）。

（2）正式操作时间：18min。

（3）提前完成操作不加分，到时终止操作考核。

6. 评分记录表

清洗离心泵过滤器操作评分记录表

操作时间：18min　　考生：　　操作用时：

序号	考核内容	操作规程	评分要素	评分标准	配分	扣分	得分
1	准备及检查	1. 穿戴好劳动保护用品； 2. 准备工具：金属垫片、滤网、大布、手套、清洗油、润滑油、污油盆、梅花扳手、F扳手、钢丝刷、撬杠、刮刀、钢板尺、活动扳手、记号笔、检修警示牌	1. 准备工具、用具、材料； 2. 钢板尺刻度清晰、无划痕，有合格证，在校验日期内	1. 劳保穿戴不整齐扣5分； 2. 未准备工具及材料扣5分，多、少准备一件扣1分； 3. 未检查钢板尺扣3分，少一项扣1分	5		
2	倒流程	1. 记录压力，检查流程，通知相关部门进行停（倒）泵作业； 2. 停泵、倒泵（按照离心泵启、停泵操作进行），断电挂检修警示牌； 3. 侧身缓慢打开过滤器管线泄压阀，待压力表指针落零时，缓慢打开过滤器排污阀（丝堵）及过滤器上的放气阀（丝堵），进行排污	1. 记录、检查流程； 2. 停泵、倒泵； 3. 泄压，排污； 4. 阀门开关（侧身、缓慢、阀门全开后，应再回1/4～1/2圈）； 5. 排污时成流线形表示未排尽	1. 未记录压力，一处扣5分； 2. 未检查流程扣15分，未通知相关部门扣10分；停泵、倒泵错误一处扣5分； 3. 未正确开关阀门，一次扣5分； 4. 未泄压终止操作； 5. 泄压压力表未落零扣10分； 6. 未排污终止操作；未排尽扣10分	25		

续表

序号	考核内容	操作规程	评分要素	评分标准	配分	扣分	得分
3	清洗过滤器	1. 先在压盖做记号，再使用合适的梅花扳手拆卸压盖螺栓，用撬杠对称撬动压盖缝隙，均匀用力，把压盖向上抬起，放在平整的地方； 2. 取出过滤网，清理过滤器内杂质； 3. 用清洗剂清洗过滤网并检查，如滤网坏，更换相同数目的滤网； 4. 擦净过滤器法兰密封面及压盖密封面，用刮刀清理密封面、密封水线	1. 拆卸压盖； 2. 取出过滤网； 3. 清洗过滤网并检查； 4. 清理密封面、密封水线	1. 未在压盖做记号扣5分； 2. 压盖法兰面放在地面扣10分； 3. 未取出过滤网，此项不得分； 4. 未清理过滤器内杂质，此项不得分，清理不干净扣20分； 5. 未清洗过滤网，此项不得分； 6. 未清理密封面扣10分； 7. 未清理密封水线扣5分	35		
4	选取合适垫片	用直尺测量出密封面内外孔径，选择相同规格的金属密封垫片	测量尺寸，选择垫片	未正确选择垫片扣5分	5		
5	安装过滤器	1. 将符合要求的过滤网放入过滤器内安装牢固； 2. 正确安装过滤器压盖(加入密封垫片，对角紧固螺栓)	正确安装过滤器，对角紧固螺栓，上好压盖、	1. 滤网安装不到位扣10分； 2. 未按标记安装扣5分； 3. 未对角紧螺栓一次，扣2分	10		
6	投运试压	1. 关闭排污阀(丝堵)、放气阀(丝堵)，打开进口阀门1~2扣进行试压，待压力平衡后缓慢打开放气阀排尽缸内气体，见液后关闭放气阀，检查渗漏情况，若不渗漏投入正常生产； 2. 生产过程中要关注过滤器前后压差应小于0.05MPa	1. 试压，检查合格投入生产； 2. 阀门开关(侧身、缓慢、阀门全开后，应再回1/4~1/2圈)	1. 未关排污阀(丝堵)、放气阀(丝堵)扣15分； 2. 未试压扣15分； 3. 未正确开关阀门，一次扣2分； 4. 未启泵切换流程恢复生产扣15分； 5. 未口述生产过程中过滤器前后压差扣5分	15		
7	清理场地，填写报表	清洁现场，收拾工具，做好相应记录	填写报表，字迹应正确、完整、清晰、无涂改	1. 字迹不清晰，一处扣1分； 2. 涂改一处扣1分； 3. 漏填少填一处扣1分； 4. 未清理现场扣5分； 5. 工具少收一件扣1分	5		

续表

序号	考核内容	操作规程	评分要素	评分标准	配分	扣分	得分
8	安全文明操作	1. 遵守国家或企业有关安全规定； 2. 操作过程中严格遵守“四不伤害”原则	遵守国家或企业有关安全规定	1. 不正确使用工具、用具，一次从总分中扣2分，最多扣20分； 2. 每违反一项规定，从总分中扣5分； 3. 因操作不当造成人身伤害，从总分中扣20分； 4. 严重违规取消考核			
备注							
合　计					100		

考评员：　　　　核分员：　　　　年　月　日

十三、切换分离器操作

1. 考核要求

(1) 必须穿戴劳动保护用品。
(2) 工具、量具、用具准备齐全，正确使用。
(3) 操作规程符合安全文明操作。
(4) 按规定完成操作项目，质量达到技术要求。
(5) 操作完毕，做到“工完、料净、场地清”。

2. 准备要求

(1) 设备准备：

序　号	名　称	规　格	数　量	备　注
1	分离器	常规	2台	

(2)材料准备：

序　号	名　称	规　格	数　量	备　注
1	大布		若干	
2	手套		若干	

(3) 工具、用具准备：

序　号	名　称	规　格	数　量	备　注
1	报表		若干	
2	笔		1支	
3	F扳手		1把	
4	四合一气体检测仪		1台	
5	正压式呼吸器		1套	硫化氢井(站)
6	活动扳手	250mm	1把	
7	开口扳手		1套	

3. 操作程序说明

1）检查工具、用具

（1）检查各工具、用具的可用性，须符合本次操作使用要求。

（2）检查四合一检测仪有无合格证、校验标签是否在有效期内，归零检测。

（3）按正压式空气呼吸器检查标准检查。

2）切换前准备

（1）对备用分离器仪器、仪表、安全附件进行全面检查，分离器进液阀、各排污、放空、取样、出油、出气上下游阀门和各旁通阀及各调节阀的旁通阀各阀门应处于关闭状态，安全阀根部阀处于关闭状态。

（2）检查自控系统是否灵敏有效。

（3）机械浮球调节装置灵活好用。

3）启用

（1）打开分离器进、出口管线及本体的压力表考克，打开备用分离器顶部安全阀根部阀，打开液位计上下游阀门。

（2）缓慢打开备用分离器顶部天然气阀，待压力与系统压力平衡时，缓慢打开备用分离器进油阀。

（3）观察分离器液位约等于 2/3 时，缓慢打开出油阀（计转站启泵打液），控制液位在 1/2～2/3 处。

（4）调节机械浮球调节装置，控制分离器液位在 1/2 处。

4）切出

（1）缓慢关闭原生产分离器进油阀。

（2）缓慢关闭原生产分离器顶部天然气阀。

（3）缓慢关闭原生产分离器出油阀。

（4）长期停运用天然气置换分离器内液体，排空压力。

5）运行检查

（1）确认分离器液位位于 1/2 处，压力处于合理范围内，自控系统运行正常，并录取各项参数。

（2）检查各连接部位是否有“跑、冒、滴、漏”现象。

6）清理场地

清洁现场，收拾工具，做好相应记录。

4. 考核规定说明

（1）如发现操作过程中可能发生重大违章（如人身伤害、环境污染、设备损坏等），将终止操作。

（2）考核采用百分制，考核项目得分按鉴定比重进行折算。

（3）考核方式说明：本项目为实际操作题，考核过程按评分标准及操作过程进行评分。

（4）测量技能说明：本项目主要测试考生对分离器切换操作技能掌握的熟练程度。

5. 考核时限

(1) 准备工作：1min(不计入考核时间)。

(2) 正式操作时间：15min。

(3) 提前完成操作不加分，到时终止操作考核。

6. 评分记录表

切换分离器操作评分记录表

操作时间：15min　　考生：　　操作用时：

序号	考核内容	操作规程	评分要素	评分标准	配分	扣分	得分
1	准备及检查	1. 穿戴好劳动保护用品； 2. 准备工具：F扳手、纸、笔、大布、手套	准备工具、用具	1. 劳保穿戴不整齐扣5分； 2. 未准备工具及材料扣5分，多、少准备一件扣1分	5		
2	切换前准备	1. 对备用分离器仪器、仪表、安全附件进行全面检查，分离器进液阀、各排污、放空、取样、出油、出气上下游阀门和各旁通阀及各调节阀的旁通阀各阀门应处于关闭状态，安全阀根部阀处于关闭状态； 2. 检查自控系统是否灵敏有效； 3. 机械浮球调节装置灵活好用	认真检查到位	1. 备用分离器不检查终止操作，少检查一处扣2分； 2. 未检查自控系统扣10分； 3. 未检查机械浮球调节装置扣10分	20		
3	启用	1. 打开分离器进、出口管线及本体的压力表考克，打开备用分离器顶部安全阀根部阀，打开液位计上下游阀门； 2. 缓慢打开备用分离器顶部天然气阀，待压力与系统压力平衡时，缓慢打开备用分离器进油阀； 3. 观察分离器液位约2/3时，缓慢打开出油阀(计转站启泵打液)，控制液位在1/2~2/3处； 4. 调节机械浮球调节装置，控制分离器液位在1/2处	先检查后操作防止分离器管线窜液或窜气	1. 不确认分离器进、出口管线及本体压力表考克开关状态终止操作，未启用安全阀终止操作，未打开液位计上下游阀门终止操作，打开顺序错误扣5分； 2. 未打开备用分离器顶部天然气阀扣20分，未及时打开备用分离器进油阀扣20分； 3. 不口述液位控制扣20分，少口述一项扣10分； 4. 未口述扣10分	40		

续表

序号	考核内容	操作规程	评分要素	评分标准	配分	扣分	得分
4	切出	1. 缓慢关闭原生产分离器进油阀； 2. 缓慢关闭原生产分离器顶部天然气阀； 3. 缓慢关闭原生产分离器出油阀； 4. 长期停运用天然气置换分离器内液体，排空压力	先检查后操作防止憋压	1. 未正确开关阀门，一次扣5分； 2. 阀门未关严，一项扣5分； 3. 不口述长期停运处理办法扣5分	15		
5	运行检查	1. 确认分离器液位位于1/2～2/3处，压力处于合理范围内，自控系统运行正常，并录取各项参数； 2. 检查各连接部位是否有“跑、冒、滴、漏”现象	确认分离器运行正常，各项参数正常，无“跑、冒、滴、漏”现象，填写运行记录	1. 有“跑、冒、滴、漏”现象，一处扣5分； 2. 未填写运行记录该项不得分，少填、漏填一项扣2分	15		
6	清理场地	清洁现场，收拾工具，做好相应记录	收拾工具，清洁场地	1. 未清理现场，从总分中扣除5分； 2. 工具少收一件，从总分中扣除2分	5		
7	安全文明操作	1. 违反重大安全事项，终止操作； 2. 操作过程中严格遵守“四不伤害”原则	遵守国家或企业有关安全规定	1. 工具、用具未正确使用，一次从总分中扣2分，最多扣10分； 2. 每违反一项规定，从总分中扣5分，严重违规取消考核； 3. 因操作不当造成人身伤害，从总分中扣20分； 4. 不正确使用工具、用具，扣分项在安全文明操作项内扣除，一次扣2分，最多扣20分			
备注							
合　计					100		

考评员：　　　　　　　　　　　　核分员：　　　　　　　　　　　　年　月　日

十四、切换加热炉操作

1. 考核要求

(1) 必须穿戴劳动保护用品。
(2) 工具、量具、用具准备齐全，正确使用。
(3) 操作规程符合安全文明操作。
(4) 按规定完成操作项目，质量达到技术要求。
(5) 操作完毕，做到“工完、料净、场地清”。

2. 准备要求

(1) 设备准备：

序 号	名 称	规 格	数 量	备 注
1	加热炉		2套	

(2)材料准备：

序 号	名 称	规 格	数 量	备 注
1	大布		若干	
2	手套		若干	

(3) 工具、用具准备：

序 号	名 称	规 格	数 量	备 注
1	设备标示牌	“运行”“备用”	各1个	
2	活动扳手	250mm	1把	
3	开口扳手		1套	
4	F扳手		1把	
5	四合一检测仪		1台	
6	正压式呼吸器		1套	

3. 操作程序说明

1) 检查工具、用具
(1) 检查各工具、用具的可用性，须符合本次操作使用要求。
(2) 按正压式空气呼吸器检查标准检查。
(3) 检查四合一检测仪有无合格证、校验标签是否在有效期内，归零检测。

2）操作前的检查

（1）检查加热炉燃气管线是否连接紧密、无泄漏、供气阀灵活好用、供气压力是否正常。

（2）检查燃烧器调风板是否灵活可调节。

（3）检查加热炉液位是否正常(1/2~2/3)。

（4）检查压力表、温度计、液位计、安全阀、防爆门各部件是否处于完好备用状态。

（5）检查各阀门开关状态。

（6）检查防爆门、看火窗、烟筒挡板是否灵活好用。

（7）检查烟道内是否有杂物。

（8）检查烟筒绷绳是否完好。

3）点火操作

（1）摘除设备“备用”牌，挂设备“运行”牌。

（2）打开风门挡板对炉膛余气进行排除。

（3）调整风门挡板，站在点火孔侧面，将点火棒放进燃烧器对准火嘴缓慢打开气源进行点火。

（4）对火焰进行调整，火焰蓝色为佳。

（5）用小火温炉 24h 后调制大火，水浴温度升至规定温度时，准备将生产介质倒入该加热炉。

4）加热炉切换操作

（1）当温度升至 50℃时，打开备用加热炉进出口阀门，倒入生产介质，当压力正常后，调整火大小。

（2）关闭原使用加热炉供气阀门，停炉。

（3）当原加热炉水温降至 50℃以下，关闭原水套炉进出口阀门，挂设备“备用”牌。

（4）冬季长时间停炉要排尽炉水，排污阀门、放气阀门处于开启状态，供气管线处于关闭状态。

5）清洁现场

清洁现场，收拾工具，做好相应记录。

4. 考核规定说明

（1）如发现操作过程中可能发生重大违章(如人身伤害、环境污染、设备损坏等)，将终止操作。

（2）考核采用百分制，考核项目得分按鉴定比重进行折算。

（3）考核方式说明：本项目为实际操作题，考核过程按评分标准及操作过程进行评分。

（4）测量技能说明：本项目主要测试考生对分离器切换操作技能掌握的熟练程度。

5. 考核时限

（1）准备工作：1min(不计入考核时间)。

（2）正式操作时间：15min。

（3）提前完成操作不加分，到时终止操作考核。

6. 评分记录表

切换加热炉操作评分记录表

操作时间：15min　　考生：　　操作用时：

序号	考核内容	操作规程	评分要素	评分标准	配分	扣分	得分
1	准备	1. 穿戴好劳动保护用品； 2. 准备工具：四合一气体检测仪、正压式呼吸器、报表、笔、大布、手套、F扳手、活动扳手、开口扳手、运行标识牌	准备工具、量具、用具	1. 劳保穿戴不整齐扣5分； 2. 未准备工具扣5分，多、少一件扣1分	5		
2	操作前的检查	1. 检查加热炉燃气管线是否连接紧密、无泄漏、供气阀灵活好用、供气压力是否正常； 2. 检查燃烧器调风板是否灵活可调节； 3. 检查加热炉液位是否正常，在1/2~2/3之间； 4. 检查压力表、温度计、液位计、安全阀、防爆门各部件是否处于完好备用状态； 5. 检查各阀门开关状态； 6. 检查观火窗、烟筒挡板是否完好备用； 7. 检查烟道内是否有杂物； 8. 检查烟筒绷绳是否完好	规范检查	1. 未检查加热炉燃气管线扣10，少检查一项扣2分； 2. 未检查燃烧器调风板扣5分； 3. 未检查加热炉液位扣10分，不口述液位合理区间扣5分； 4. 未检查压力表、温度计、液位计、防爆门各部件，少一处扣5分，未检查安全阀扣10分； 5. 未检查各阀门开关状态，少一处扣5分； 6. 未检查观火窗、烟筒挡板，少一处扣5分； 7. 未检查烟道扣5分； 8. 未检查烟筒绷绳扣5分	20		
3	点火温炉操作	1. 摘除设备“备用”牌，挂设备“运行”牌； 2. 打开风门对炉膛进行通风； 3. 调整风门挡板，站在点火孔侧面，将点火棒放进燃烧器对准火嘴缓慢打开气源进行点火； 4. 对火焰进行调整，火焰蓝色为佳； 5. 口述：用小火温炉24h后调制大火，水浴温度升至规定温度时，准备将生产介质倒入该加热炉	1. 按“三不点火”原则规范操作； 2. 按先点火后开气的原则	1. 未摘牌、挂牌扣5分； 2. 点火前未通风扣10分； 3. 未调整风门挡板扣10分，未站在点火孔侧面扣20分，未先点火后开气本项不得分； 4. 不会调整火焰扣20分（口述蓝色火焰）； 5. 不口述扣5分，少口述一项扣2分	35		

续表

序号	考核内容	操作规程	评分要素	评分标准	配分	扣分	得分
4	加热炉切换	1. 当温度升至50℃时，打开备用加热炉出口、进口阀门，倒入生产介质，当压力正常后，调整火大小(控制温度高于来液温度，低于设计温度)； 2. 关闭原使用加热炉供气阀门，停炉； 3. 当原加热炉水温降至50℃以下，关闭原水套炉进出口阀门，挂设备“备用”牌； 4. 冬季长时间停炉要排尽炉水，排污阀门、放气阀门处于开启状态，供气管线处于关闭状态	正确切换流程	1. 备用加热炉温度未到规定温度倒入介质扣5分，流程倒错扣20分，未调整火焰扣10分，不口述控制温度要求扣5分； 2. 未按要求停运原加热炉扣5分； 3. 未口述原加热炉水温降至50℃以下扣5分，未挂“备用”牌扣5分； 4. 未口述冬季长时间停炉要求扣10分，少一项扣2分	30		
5	清理现场	清洁现场，收拾工具，做好相应记录	清洁现场，收拾工具，做好相应记录	1. 未清理现场扣5分； 2. 工具少回收一件扣2分； 3. 未做记录扣5分	10		
6	安全文明操作	1. 遵守国家或企业有关安全规定； 2. 操作过程中严格遵守“四不伤害”原则	遵守国家或企业有关安全规定	1. 不正确使用工具、用具，一次从总分中扣2分，最多扣20分； 2. 劳保穿戴不全，从总分中扣5分； 3. 因操作不当造成人身伤害，从总分中扣20分； 4. 严重违规取消考核； 5. 不正确使用工具、用具，扣分项在安全文明操作项内扣除，一次扣2分，最多扣20分			
备注							
合计					100		

考评员：　　　　核分员：　　　　年　月　日

十五、绘制计转站岗位工艺流程图(简易)操作

1. 考核要求

(1) 必须穿戴劳动保护用品。
(2) 工具、用具准备齐全,正确使用。
(3) 操作规程符合安全文明操作。
(4) 按规定完成操作项目,质量达到技术要求。
(5) 操作完毕,做到“工完、料净、场地清”。

2. 准备要求

(1) 材料准备:

序 号	名 称	规 格	数 量	备 注
1	绘图纸	A3	1张	
2	草稿纸	A3	若干	

(2) 工具、用具准备:

序 号	名 称	规 格	数 量	备 注
1	三角尺	30mm	1套	
2	丁字尺	600mm	1把	
3	绘图仪		1套	
4	绘图板		1块	
5	铅笔	HB、2H、2B	若干	
6	橡皮		1块	
7	小刀		1把	
8	毛刷		1把	
9	胶带		1卷	

3. 操作程序说明

1) 检查工具、用具
检查各工具、用具的可用性,是否符合本次操作使用要求。

2）选择图幅、固定图纸

（1）根据岗位流程的大小选择图幅（统一采用 A3 号图纸，图纸符合国标 SY/T 0003—2003，不留装订边）。

（2）用胶带将图纸固定在绘图板上。

3）设计幅面

（1）根据图幅大小正确画出边框，到图纸各边 10mm 为准。

（2）根据图框正确画出标题栏的方位及格式（见附件）。

（3）根据图框在图纸的右侧留出图例表的位置。

（4）根据图框在图纸下边留出简易流程说明的位置。

4）绘制草图

（1）根据试题要求在草稿纸上按比例布局各设备在图中的位置。

（2）按照标准图例绘制出各设备、仪表等在图中的位置。

（3）用实线连接各设备，并用箭头表示出流程走向。

5）绘制流程图

（1）根据草图按照标准图例在绘图纸上绘制各设备，并摆放好位置。

（2）用粗实线画出主要管线走向，用细实线画出次要或辅助管线，并与各设备连接成工艺流程图。

6）图示要求

（1）在管线的适当位置画出设备的附件，如阀门，过滤器，仪器仪表等。

（2）流程的进出口要用箭头加以标注方向。

（3）图纸上管线发生交叉而实际不相碰时，一般采用竖断横不断，主线不断的原则。

（4）用细铅笔在设备上标注编号，并根据编号在图例表中填写出名称。

（5）阀门及安全附件须在图例表中画出图例图形，并填写名称。

（6）根据流程图编制简易流程说明，简易流程说明须指明主要设备及流程走向。

7）技术要求

（1）流程图内可用方框代替图例，要标明名称，整个流程图中不超过三个。

（2）流程图中所有文字用仿宋体书写。

（3）只绘制主流程，不绘制次要流程和辅助流程。

8）清洁图面

（1）用橡皮清洁图纸中多余线条。

（2）用毛刷扫净图纸表面杂质。

4. 考核规定说明

（1）考核采用百分制，考核项目得分按鉴定比重进行折算。

（2）考核方式说明：本项目为实际操作题，考核过程按评分标准及操作过程进行评分。

（3）测量技能说明：本项目主要测试考生对流程图绘制操作技能掌握的熟练程度。

5. 考核时限

（1）准备工作：1min（不计入考核时间）。

（2）正式操作时间：60min。

(3) 提前完成操作不加分，到时终止操作考核。

6. 评分记录表

绘制计转站岗位流程图(简易)操作评分记录表

操作时间：60min 考生： 操作用时：

序号	考核内容	操作规程	评分要素	评分标准	配分	扣分	得分
1	检查工具、用具	1. 穿戴好劳动保护用品； 2. 准备工具：检查各工具、用具的可用性，是否符合本次操作使用要求	准备工具、用具、材料	1. 劳保穿戴不整齐扣5分； 2. 未准备工具扣5分，多、少一件扣1分	5		
2	图幅设计	根据图幅大小正确选择标注位置	标注位置准确无误	1. 未按标准绘制图框扣3分； 2. 未按标准绘制标题栏扣2分，标题栏位置错误扣1分； 3. 标题栏内文字表述错误扣2分； 4. 未留出图例位置扣2分； 5. 未留出简易流程说明位置扣2分	10		
3	绘制流程图	根据试题要求绘制流程图	根据试题要求绘制各设备及流程走向	1. 设备布局不合理扣5分；设备图例每画错一项扣3分； 2. 流程走向要正确，错误扣10分； 3. 设备数量要齐全，每漏画一台扣5分； 4. 流程整体表达错误本项不得分	40		
4	图示要求	1. 在管线的适当位置画出设备的附件，如阀门、过滤器、仪器仪表等； 2. 流程的进出口要用箭头加以标注方向； 3. 图纸上管线发生交叉而实际不相碰时，一般采用横断竖不断，主线不断的原则； 4. 用细铅笔在设备上标注编号，并根据编号在图例表中填写出名称； 5. 阀门及安全附件须在图例表中画出图例图形，并填写名称； 6. 根据流程图编制简易流程说明，简易流程说明须指明主要设备及流程走向	根据绘图要求在管线适当位置绘制阀门、仪器仪表、过滤器等	1. 阀门、仪器仪表、过滤器图例每画错一项扣3分； 2. 设备的附件要齐全，缺失一项扣2分； 3. 流程的进出口要用箭头加以标注，每漏标一项扣3分； 4. 交叉管线画法不正确，每错一处扣1分； 5. 设备编号不正确，每错一项扣1分，漏失一项扣1分； 6. 图例表中未标明设备名称扣1分，少一项设备扣2分； 7. 流程图中无简易流程说明扣10分	25		

续表

序号	考核内容	操作规程	评分要素	评分标准	配分	扣分	得分
5	技术要求	1. 流程图内可用方框代替图例，要标明名称，整个流程图中不超过三个； 2. 流程图中所有文字用仿宋体书写； 3. 只绘制主流程，不绘制次要流程和辅助流程		1. 流程图中可用方框代替图例，要标明名称，在整个流程图中不能超过三个，每超一个扣2分； 2. 图中文字一处未用仿宋体书写扣1分，共5分	10		
6	清洁图面	1. 用橡皮清洁图纸中多余线条； 2. 用毛刷扫净图纸表面杂质	清洁多余线条，用毛刷扫净杂质	1. 图纸不清洁扣5分； 2. 图纸涂改有印记，未清洁扣3分；损坏一处扣5分	10		
7	安全文明操作	1. 遵守国家或企业有关安全规定； 2. 操作过程中严格遵守“四不伤害”原则	遵守国家或企业有关安全规定	1. 每违反一项规定，从总分中扣5分； 2. 因操作不当造成人身伤害，从总分中扣20分； 3. 严重违规取消考核； 4. 不正确使用工具、用具，一次从总分中扣2分； 5. 不正确使用工具、用具，扣分项在安全文明操作项内扣除，一次扣2分，最多扣20分			
备注							
合计					100		

考评员： 核分员： 年 月 日

7. 附件

1）标题栏样本

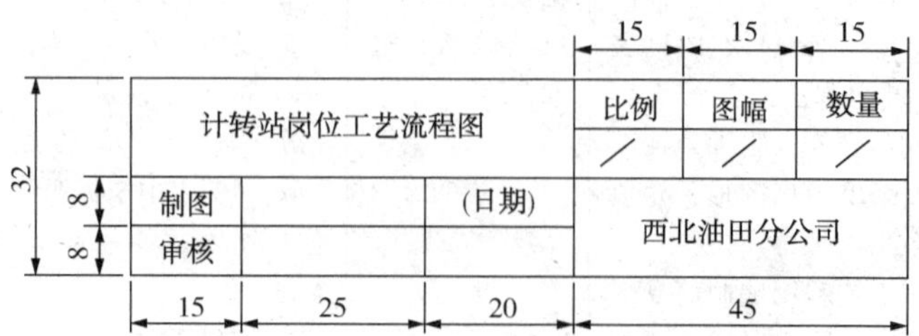

2）图例

名　称	设备代号	图　例	名　称	设备代号	图　例
两相分离器（立式、卧式）	V	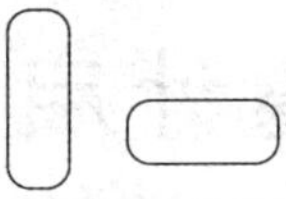	三相分离器	V	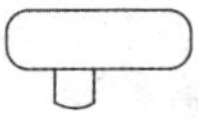
加热炉	H	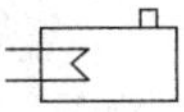	换热器	E	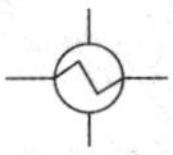
输油泵	P	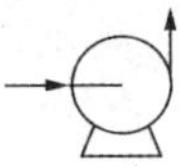	加药泵	P	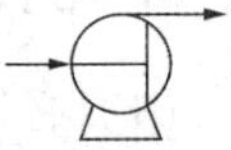
立式储罐	R	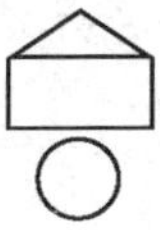	填料塔	C	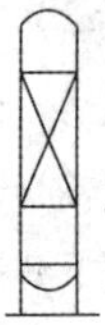
卧式储罐	VR		清管器收发装置	J	
过滤器	F		流量计	FI	
除油器	D	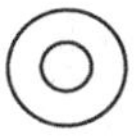	调节阀	压力 PV 温度 TV 液位 LV	
截止阀			单向阀（止回阀）		
闸阀			球阀		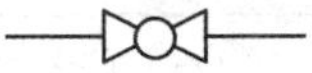
弹簧式安全阀			蝶阀		
压力表			温度计		
主要管线			次要管线		
管线交叉		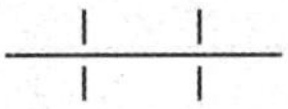	进出装置或单元介质流向		
进出装置或单元介质流向		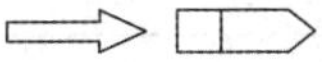	管内介质流向		
法兰盖				椭圆封头	

十六、刮板流量计启停操作

1. 考核要求

(1) 必须穿戴劳动保护用品。
(2) 工具、量具、用具准备齐全，正确使用。
(3) 操作规程符合安全文明操作。
(4) 按规定完成操作项目，质量达到技术要求。
(5) 操作完毕，做到“工完、料净、场地清”。

2. 准备要求

(1) 设备准备：

序　号	名　称	规　格	数　量	备　注
1	刮板流量计		1 台	

(2)材料准备：

序　号	名　称	规　格	数　量	备　注
1	大布		1 块	
2	黄油枪		1 把	
3	手套		若干	
4	机油加注壶	长嘴	1 把	

(3) 工具、量具、用具准备：

序　号	名　称	规　格	数　量	备　注
1	秒表		1 块	
2	计算器		1 个	
3	记录纸	A4	1 张	
4	笔		1 支	

3. 操作程序说明

1）检查工具、用具、量具

检查各工具、用具、量具的可用性，是否符合本次操作使用要求。

2）启运前准备

（1）检查流量计过滤器放空阀是否处于关闭状态。

（2）检查流量计计数器是否完好。

（3）检查流量计进出口仪表是否在检定有效期内，并抄底数。

（4）使用机油加注壶往弹簧盖油杯中加注适量机油。

（5）使用黄油枪往曲轴密封机构上的压注式油杯压入适量黄油。

3）流量计启运

（1）缓慢打开过滤器、流程后端压力表考克进行排气，见油关闭。

（2）稳压 5min，观察有无渗漏。

（3）若发现渗漏，应先关闭进口阀门后进行紧固。

（4）缓慢打开流量计出口阀。

（5）观察转子、表头运行是否正常。

（6）记录投运时间。

（7）关闭流量计旁通阀门或停用备用流量计。

（8）运转正常后，计算流量。

4）流量计停运

（1）记录流量计进出口压力及温度。

（2）打开流量计旁通阀门或启用备用流量计。

（3）关闭流量计出口阀门。

（4）关闭流量计进口阀门。

（5）记录流量计表头数值、停运时间。

（6）打开过滤器、流量计排污阀泄压，关闭排污阀。

4. 考核规定说明

（1）如操作违章，将停止考核。

（2）考核采用百分制，考核项目得分按鉴定比重进行折算。

（3）考核方式说明：本项目为实际操作题，考核过程按评分标准及操作过程进行评分。

（4）测量技能说明：本项目主要测试考生对刮板流量计启停操作掌握的熟练程度。

5. 考核时限

（1）准备工作：1min（不计入考核时间）。

（2）正式操作时间：10min。

（3）提前完成操作不加分，到时停止操作。

6. 评分记录表

刮板流量计启停操作评分记录表

操作时间：10min　　考生：　　操作用时：

序号	考核内容	操作规程	评分要素	评分标准	配分	扣分	得分
1	准备	1. 穿戴好劳动保护用品； 2. 准备工具：大布、黄油枪、手套、机油加注壶、秒表、计算器、记录纸、笔	准备工具、量具、用具	1. 劳保穿戴不整齐扣5分； 2. 未准备工具扣5分，多、少一件扣1分	5		
2	启运前准备	1. 检查流量计过滤器放空阀是否处于关闭状态； 2. 检查流量计计数器是否完好； 3. 检查流量计进出口仪表是否在检定有效期内，并抄底数； 4. 使用机油加注壶往弹簧盖油杯中加注适量机油； 5. 使用黄油枪往曲轴密封机构上的压注式油杯压入适量黄油	按要求做好启动前准备	1. 未检查流量计过滤器放空阀是否处于关闭状态，少一项扣5分； 2. 未检查流量计计数器是否完好扣3分； 3. 未检查流量计进出口仪表是否在检定有效期内，少一项扣3分； 4. 没抄底数扣2分； 5. 漏加机油扣5分，不清楚加注量扣3分； 6. 漏加黄油扣5分，不清楚加注量扣3分	20		
3	流量计启运	1. 缓慢打开过滤器、流程后端压力表考克进行排气，见油关闭； 2. 稳压5min，观察有无渗漏； 3. 若发现渗漏，应先关闭进口阀门后进行紧固； 4. 缓慢打开流量计出口阀； 5. 观察转子、表头运行是否正常； 6. 记录投运时间； 7. 关闭流量计旁通阀门或停用备用流量计； 8. 运转正常后，计算流量	按规定正确启用流量计	1. 开关阀不规范扣5分； 2. 稳压时间不够扣5分，观察不到位5分； 3. 发现渗漏未紧固扣15分； 4. 未排气扣20分，气排不净扣10分，跑油此项不得分； 5. 没记录时间扣10分； 6. 未关闭流量计旁通阀门或停用备用流量计扣5分； 7. 计算流量不对扣5分	35		

续表

序号	考核内容	操作规程	评分要素	评分标准	配分	扣分	得分
4	流量计停运	1. 记录流量计进出口压力及温度； 2. 打开流量计旁通阀门或启用备用流量计； 3. 关闭流量计出口阀门； 4. 关闭流量计进口阀门； 5. 记录流量计表头数值、停运时间； 6. 打开过滤器、流量计排污阀泄压，关闭排污阀	按规定正确停用流量计	1. 未记录流量计进出口压力及温度，每少一项扣5分； 2. 未打开流量计旁通阀门或启用备用流量计扣20分； 3. 漏关或不规范扣5分； 4. 漏记一项扣5分； 5. 未泄压扣20分； 6. 未排污扣5分，未关闭排污阀扣10分	35		
5	清理场地	清洁现场，收拾工具，做好相应记录	收拾工具，清洁场地	1. 未清理现场，从总分中扣除5分； 2. 工具少收一件，从总分中扣除2分	5		
6	安全文明操作	1. 遵守国家或企业有关安全规定； 2. 操作过程中严格遵守“四不伤害”原则； 3. 投运、停运过程中造成憋压、泄漏事故，立即停止操作，取消参赛资格	遵守国家或企业有关安全规定	1. 每违反一项规定，从总分中扣5分； 2. 因操作不当造成人身伤害，从总分中扣20分； 3. 严重违规取消考核； 4. 未正确使用工具，一次从总分中扣2分； 5. 不正确使用工具、用具，扣分项在安全文明操作项内扣除，一次扣2分，最多扣20分			
备注							
合 计					100		

考评员：　　　　核分员：　　　　年　月　日

十七、核桃壳过滤器启停(水处理)操作

1. 要求

(1) 必须穿戴劳动保护用品。
(2) 工具、量具、用具准备齐全，正确使用。
(3) 操作规程符合安全文明操作。
(4) 按规定完成操作项目，质量达到技术要求。
(5) 操作完毕，做到"工完、料净、场地清"。

2. 准备要求

(1) 设备准备：

序　号	名　称	规　格	数　量	备　注
1	核桃壳过滤器	SC-1-ZP-200/4.0-Q(S)	1套	阀门由气动控制

(2) 材料准备：

序　号	名　称	规　格	数　量	备　注
1	大布		若干	
2	手套		若干	

(3) 工具、用具准备：

序　号	名　称	规　格	数　量	备　注
1	F扳手	450mm	1把	
2	活动扳手		1套	
3	报表		若干	
4	笔		1支	
5	硫化氢检测仪	便携式	1台	
6	对讲机		1部	

3. 操作程序说明

1) 检查工具、用具、量具
检查各工具、用具、量具的可用性，是否符合本次操作使用要求。

2）过滤器的投用

（1）检查。

① 了解过滤器现在的工况（主要是指容器内是否充满液）。

② 检查过滤器安全阀、压力表符合各项规定，并经检验在有效期之内。

③ 检查排污阀门、收油阀门能打开并关闭。

④ 检查压力表引压阀门是否打开、排污阀门是否关闭。

⑤ 检查取样阀门是否关闭，过滤器各法兰联接螺栓是否紧固，人孔螺栓是否紧固。

⑥ 检查上游水质是否合格（主要检查进液无明显油花或杂质）。

⑦ 检查气控装置供气压力（气控阀供气压力）与气控设备（气控阀）是否符合工作要求。

（2）记录。

① 了解核桃壳装置上游设备压力，记录下游设备的压力或罐液位。

② 记录报表。

（3）倒流程操作。

① 在控制柜上先打开1号过滤器的进口气动阀门。

② 观察现场气动阀门是否打开，气动阀门状态指示是否准确，听有无过液声，过滤器各联接法兰、人孔、本体和联接管线是否有渗漏现象。

③ 观察1号过滤器压力表压力显示是否正常，待压力稳定时，再次观察各处是否有渗漏和异常。

④ 观察现场气动阀门是否打开，气动阀门状态指示是否准确。

⑤ 观察上下游设备的压力是否正常，观察过滤器出口水质是否正常、是否合格；观察污水池、收油池液位是否有异常上升。

⑥ 依次投用2号、3号……过滤器。

⑦ 缓慢关闭过滤器旁通阀，观察过滤器进出口压力是否正常，严防憋压。

（4）记录。

记录数据填写报表。

3）过滤器的停用

（1）收油。

① 了解污油池液位，在过滤器控制柜上打开1号过滤器的收油阀门。

② 观察收油口水质情况，待水质稳定而合格时关闭1号过滤器的收油。

（2）倒流程操作。

① 缓慢打开过滤器旁通，观察上游和过滤器压力。

② 在控制柜上关闭1号过滤器的进水阀门，观察其他过滤器或上游设备的压力，在控制柜上关闭1号过滤器的出水阀门。

③ 口述：如果是冬季或长时间的停用，应用排污阀将过滤器中的液体排空。

④ 依次停用2号、3号……过滤器。

（3）清理场地，做好记录。

清洁现场，收拾工具，做好相应记录。

4. 考核规定说明

(1) 如操作违章，将停止考核。
(2) 考核采用百分制，考核项目得分按鉴定比重进行折算。
(3) 考核方式说明：本项目为实际操作题，考核过程按评分标准及操作过程进行评分。
(4) 操作技能说明：本项目主要测试考生对过滤器设备的检查和操作熟练程度。

5. 考核时限

(1) 准备工作：1min(不计入考核时间)。
(2) 正式操作时间：25min。
(3) 提前完成操作不加分，到时停止操作考核。

6. 评分记录表

核桃壳过滤器启停操作(水处理)评分记录表

操作时间：25min　　考生：　　操作用时：

序号	考核内容	操作规程	评分要素	评分标准	配分	扣分	得分
1	准备	1. 穿戴好劳动保护用品； 2. 准备工具：过滤器、对讲机、手套、F 扳手、活动扳手、报表、笔、硫化氢检测仪、大布	准备工具、量具、用具	1. 劳保穿戴不整齐扣 5 分； 2. 未准备工具扣 5 分，多、少一件扣 1 分	5		
2	检查	1. 了解过滤器现在的工况(主要是指容器内是否充满液)； 2. 检查过滤器安全阀、压力表符合各项规定，并经检验在有效期之内； 3. 检查排污阀门、收油阀门能打开并关闭； 4. 压力表引压阀门是否打开，排污阀门是否关闭； 5. 取样阀门是否关闭，过滤器各法兰联接螺栓是否紧固，人孔螺栓是否紧固； 6. 检查上游水质是否合格(主要检查进液无明显油花或杂质)； 7. 检查气控装置供气压力(气控阀供气压力)与气控设备(气控阀)是否符合工作要求	各项检查应符合技术要求	1. 未了解过滤器现在的工况扣 10 分； 2. 未检查过滤器安全阀本项不得分，未检查压力一处扣 2 分； 3. 未检查排污阀门、收油阀门，一处扣 2 分； 4. 未关闭取样阀门，本项不得分； 5. 未检查各连接部位，一处扣 2 分； 6. 未检查水质扣 10 分； 7. 未检查气控装置本项不得分	20		

续表

序号	考核内容	操作规程	评分要素	评分标准	配分	扣分	得分
3	倒流程操作	1. 在控制柜上先打开1号过滤器的进口气动阀门； 2. 观察现场气动阀门是否打开，气动阀门状态是否准确，听有无过液声，过滤器各联接法兰、人孔、本体和连接管线是否有渗漏现象； 3. 观察1号过滤器压力表压力显示是否正常，待压力稳定时，再次观察各处是否有渗漏和异常； 4. 观察现场气动阀门是否打开，气动阀门状态指示是否准确； 5. 观察上下游设备的压力是否正常，观察过滤器出口水质是否正常、是否合格。观察污水池、收油池液位是否有异常上升； 6. 依次投用2号、3号……过滤器； 7. 缓慢关闭过滤器旁通阀，观察过滤器进出口压力是否正常(口述：严防憋压)	按照先检查后操作的顺序规范操作，防止憋压	1. 不会开进口气动阀门，此项不得分； 2. 未观察现场气动阀门是否打开扣5分，各连接处有渗漏，一处扣2分； 3. 未再次观察各处有渗漏扣5分； 4. 未观察现场气动阀门是否打开扣10分； 5. 未观察上下游压力扣5分，未观察出口水质扣5分，未观察污水池、收油池液位扣5分； 6. 未口述依次投用2号、3号……过滤器扣5分； 7. 未关闭旁通阀扣10分，未观察过滤器进出口压力，一处扣5分，未口述严防憋压扣10分	35		
4	收油	1. 了解污油池液位，在过滤器控制柜上打开1号过滤器的收油阀门； 2. 观察收油口水质情况，待水质稳定而合格时关闭1号过滤器的收油	将过滤器中的油收干净做好停用准备	1. 未了解污油池液位，本项不得分； 2. 未了解收油前和收油后的水质，本项不得分	5		
5	倒流程操作	1. 缓慢打开过滤器旁通，观察上游和过滤器压力； 2. 在控制柜上关闭1号过滤器的进水阀门，观察其他过滤器或上游设备的压力，在控制柜上关闭1号过滤器的出水阀门； 3. 口述：如果是冬季或长时间的停用，应用排污阀将过滤器中的液体排空； 4. 依次停用2号、3号……过滤器	按照先检查后操作的顺序规范操作，防止憋压	1. 未打开旁通阀扣25分； 2. 未关闭1号过滤器的进水阀门扣10分，未关闭1号过滤器的出水阀门扣10分； 3. 每少观察一次压力扣5分； 4. 未口述冬季停用要求扣5分； 5. 未口述依次停用过滤设备扣5分； 6. 操作不当每处扣2分	25		
6	清理场地，做好记录	清洁现场，收拾工具，做好相应记录	收拾工具，清洁场地	1. 每少记录一处扣1分； 2. 数据每错一处扣1分； 3. 未清理现场扣5分； 4. 工具少收一件扣2分	10		

续表

序号	考核内容	操作规程	评分要素	评分标准	配分	扣分	得分
7	安全文明操作	1. 遵守国家或企业有关安全规定； 2. 操作过程中严格遵守“四不伤害”原则	遵守国家或企业有关安全规定	1. 每违反一项规定，从总分中扣5分； 2. 因操作不当造成人身伤害，从总分中扣20分； 3. 严重违规取消考核； 4. 不正确使用工具、用具，扣分项在安全文明操作项内扣除，一次扣2分，最多扣20分			
备注							
合计					100		

考评员：　　　　　　　　　　　　核分员：　　　　　　　　　　　　年　月　日

十八、换热器启停操作

1. 考核要求

(1) 必须穿戴劳动保护用品。

(2) 工具、用具准备齐全，正确使用。

(3) 操作规程符合安全文明操作。

(4) 按规定完成操作项目，质量达到技术要求。

(5) 操作完毕，做到“工完、料净、场地清”。

2. 准备要求

(1) 设备准备：

序　号	名　称	规　格	数　量	备　注
1	换热器		1台	

(2) 材料准备：

序　号	名　称	规　格	数　量	备　注
1	大布		若干	
2	手套		若干	
3	报表		若干	
4	笔		1支	

(3) 工具、量具、用具准备：

序　号	名　称	规　格	数　量	备　注
1	防爆F扳手		1把	
2	四合一气体检测仪		1台	
3	正压式呼吸器		1套	硫化氢井(站)
4	活动扳手	250mm	1把	
5	开口扳手		1套	
6	生料带		若干	
7	标识牌	“运行”“备用”	2个	

3. 操作程序说明

1）检查工具、用具、量具

（1）检查各工具、用具及量具的可用性，须符合本次操作使用要求。

（2）按正压式空气呼吸器检查标准检查。

（3）检查四合一检测仪有无合格证、校验标签是否在有效期内，归零检测。

2）投用前检查

（1）检查基础支座是否牢固，各部螺栓是否紧固。

（2）检查换热器封头是否完好。

（3）检查换热器壳体表面有无变形、碰伤裂纹、锈蚀麻坑等缺陷，流程有无“跑、冒、滴、漏”现象。

（4）检查换热器进出口阀门开关状态。

（5）检查换热器进出口压力表、温度计在有效期内，铅封是否完好，表壳有无破损裂痕，刻度是否清晰，指针有无松动现象。

3）投用换热器

（1）口述：投用换热器时先投壳程再投管程。

（2）缓慢打开换热器壳程物料进口阀门，倾听是否有液流声音，观察壳程压力表达到规定压力时，缓慢打开换热器壳程物料出口阀门。

（3）缓慢打开换热器管程物料进口阀门，倾听是否有液流声音，观察管程压力表达到规定压力时，缓慢打开换热器管程物料出口阀门。

（4）观察换热器壳程、管程压力、温度变化情况，及时进行调整。

4）换热器投用后检查

（1）待换热器运行正常后检查换热器压力、温度是否在规定范围值内，量程在 1/3～2/3 之间。

（2）检查换热器是否有“跑、冒、滴、漏”现象。

5）停用换热器

（1）口述：停用换热器时先停管程再停壳程。

（2）缓慢打开管程旁通阀，倾听是否有液流声音，缓慢关闭管程进出口阀门。

（3）缓慢打开壳程旁通阀，倾听是否有液流声音，缓慢关闭壳程进出口阀门。

（4）悬挂设备运行状态指示牌，

（5）口述：若长时间停用换热器，对工艺管线进行吹扫。

6）填写报表

（1）记录参数，填写数据，字迹应正确、完整、清晰、无涂改。

（2）记录换热器投用正常后管程、壳程进、出口压力、温度。

（3）记录换热器投用时间。

（4）记录换热器停用时间。

4. 考核规定说明

（1）如发现操作过程中可能发生重大违章（如人身伤害、环境污染、设备损坏等），将取消操作。

(2) 考核采用百分制，考核项目得分按鉴定比重进行折算。

(3) 考核方式说明：本项目为实际操作题，考核过程按评分标准及操作过程进行评分。

(4) 考评技能说明：本项目主要测试考生对换热器启停操作技能掌握的熟练程度。

5. 考核时限

(1) 准备工作：1min(不计入考核时间)。

(2) 正式操作时间：15min。

(3) 提前完成操作不加分，到时终止操作考核。

6. 评分记录表

换热器启停操作评分记录表

操作时间：15min　　考生：　　操作用时：

序号	考核内容	操作规程	评分要素	评分标准	配分	扣分	得分
1	准备工作	1. 穿戴好劳动保护用品； 2. 准备工具：大布、手套、报表、笔、四合一气体检测仪、防爆型F扳手、活动扳手、开口扳手、生料带、正压式空气呼吸器(含硫化氢井站)、标识牌	准备好工具、用具	1. 劳保穿戴不整齐扣5分； 2. 未准备工具扣5分，多、少一件扣1分； 3. 未检查四合一检测仪扣10分，少检查一项扣2分； 4. 未检查正压式呼吸器扣10分，少检查一项扣2分	10		
2	换热器投用前检查	1. 检查基础支座是否牢固，各部螺栓是否紧固； 2. 检查换热器封头是否完好，是否渗漏； 3. 检查换热器本体是否完好，流程有无“跑、冒、滴、漏”现象； 4. 检查换热器进出口阀门开关状态； 5. 检查换热器进出口压力表、温度计在有效期内，铅封是否完好，表壳有无破损裂痕，刻度是否清晰，指针有无松动现象； 6. 检查静电接地是否牢固	设备检查，配套设施检查，流程检查	1. 硫化氢井站未佩戴正压式空气呼吸器终止操作；未检查　基础支座、各部螺栓扣5分，检查漏一处扣2分； 2. 未检查换热器封头扣2分； 3. 未检查换热器壳体表面扣2分；未检查流程“跑、冒、滴、漏”，一处扣2分； 4. 未检查换热器进出口阀门开关状态扣5分，检查漏一处扣2分； 5. 未检查换热器进、出口压力表、温度计，一处扣2分；检查不规范，一处扣2分； 6. 未检查静电接地扣5分检查漏一处扣2分	15		

续表

序号	考核内容	操作规程	评分要素	评分标准	配分	扣分	得分
3	投用换热器	1. 口述：投用换热器时先投壳程再投管程； 2. 缓慢打开换热器壳程物料进口阀门，倾听是否有液流声音，观察壳程压力表达到规定压力时，缓慢打开换热器壳程物料出口阀门； 3. 缓慢打开换热器管程物料进口阀门，倾听是否有液流声音，观察管程压力表达到规定压力时，缓慢打开换热器管程物料出口阀门； 4. 投运后缓慢关闭壳程和管程的旁通； 5. 观察换热器管程、壳程压力、温度变化情况	根据操作步骤操作	1. 未口述扣5分； 2. 未缓慢、侧身打开阀门扣2分；未倾听进液声音扣2分；未观察压力表压力扣2分； 3. 当压力上升到规定压力时，未打开出口阀门扣10分； 4. 管程、壳程投用顺序错误终止操作； 5. 未观察换热器管程、壳程压力、温度变化情况扣5分，未悬挂运行状态标识牌扣5分	35		
4	换热器投用后检查	1. 待换热器运行正常后检查换热器压力、温度是否在规定范围值内，量程在1/3~2/3之间； 2. 压力、温度读值方法（三点一线）； 3. 检查换热器是否有“跑、冒、滴、漏”现象	运行中检查	1. 未检查换热器压力、温度扣5分，检查漏一处扣2分；压力、温度未在规定量程内扣2分； 2. 压力、温度读值方法不正确，一次扣2分； 3. 未检查换热器“跑、冒、滴、漏”现象扣5分	10		
5	停用换热器	1. 口述：停用换热器时先停管程再停壳程； 2. 缓慢打开管程旁通阀，倾听是否有液流声音，缓慢关闭管程进口、出口阀门； 3. 缓慢打开壳程旁通阀，倾听是否有液流声音，缓慢关闭壳程进口、出口阀门； 4. 口述：若长时间停用换热器，先排液或者卸压，然后对工艺管线进行吹扫	按操作步骤停运	1. 操作阀门不规范扣5分；未倾听液流声音扣5分； 2. 停用管程、壳程顺序错误停止操作； 3. 未开管程、壳程旁通阀门停止操作； 4. 未口述扣5分，未悬挂运行状态标识牌扣5分	20		
6	填写报表	1. 记录换热器管程、壳程进出口压力、温度； 2. 记录换热器投用时间； 3. 记录换热器停用时间	规范填写报表及记录	1. 不记录压力、温度一处扣2分，填写错误一处扣2分； 2. 不记录换热器投用、停用时间，一处扣2分	5		

续表

序号	考核内容	操作规程	评分要素	评分标准	配分	扣分	得分
7	清理场地	清洁现场，收拾工具，做好相应记录	收拾工具，清洁场地	1. 未回收工具扣5分，少收一件扣2分； 2. 未清理现场扣5分	5		
8	安全文明操作	1. 遵守国家或企业有关安全规定； 2. 操作过程中严格遵守“四不伤害”原则	遵守国家或企业有关安全规定	1. 每违反一项规定，从总分中扣5分； 2. 严重违规取消考核； 3. 换热器管程、壳程投用顺序错误停止操作；停用换热器未开旁通阀门，停止操作； 4. 因操作不当造成人身伤害，从总分中扣20分； 5. 不正确使用工具、用具，扣分项在安全文明操作项内扣除，一次扣2分，最多扣20分			
备注							
合计					100		

考评员：　　　　核分员：　　　　年　月　日

十九、空冷器启停操作

1. 考核要求

(1) 必须穿戴劳动保护用品。
(2) 工具、用具准备齐全，正确使用。
(3) 操作规程符合安全文明操作。
(4) 按规定完成操作项目，质量达到技术要求。
(5) 操作完毕，做到“工完、料净、场地清”。

2. 准备要求

(1)设备准备：

序　号	名　称	规　格	数　量	备　注
1	空冷器		1台	

(2) 材料准备：

序　号	名　称	规　格	数　量	备　注
1	手套		1副	
2	报表		1张	
3	笔		1支	

(3) 工具、用具准备：

序　号	名　称	规　格	数　量	备　注
1	F扳手		1把	
2	四合一气体检测仪		1台	
3	正压式呼吸器		1套	硫化氢井(站)
4	标识牌	“运行”“备用”	2个	

3. 操作程序说明

1) 检查工具、用具、量具
(1) 检查各工具、用具及量具的可用性，须符合本次操作使用要求。
(2) 按正压式空气呼吸器检查标准检查。
(3) 检查四合一检测仪有无合格证、校验标签是否在有效期内，归零检测。

2）空冷器启停操作

（1）检查连接基础。

（2）检查工艺流程。

（3）检查电机。

（4）检查传送皮带。

（5）检查空冷器（叶片、百叶窗、管束、各连接部位）。

（6）检查空冷器供电情况。

（7）确认启动按钮，启动空冷器；挂运行标识牌。

（8）检查空冷器运行状况（声音、振动、电流）。

（9）将变频器设定在合适的温度值。

（10）调节百叶窗开度。

（11）按下停止按钮，挂停止标识牌。

（12）回收工具，清理现场。

3）填写报表

记录参数，填写报表。

4. 考核规定说明

（1）如发现操作过程中可能发生重大违章（如人身伤害、环境污染、设备损坏等），将取消操作。

（2）考核采用百分制，考核项目得分按鉴定比重进行折算。

（3）考核方式说明：本项目为实际操作题，考核过程按评分标准及操作过程进行评分。

（4）考评技能说明：本项目主要测试考生对空气冷却器启停操作技能掌握的熟练程度。

5. 考核时限

（1）准备工作：1min（不计入考核时间）。

（2）正式操作时间：15min。

（3）提前完成操作不加分，到时终止操作。

6. 评分记录表

空冷器启停操作评分记录表

操作时间：25min　　考生：　　操作用时：

序号	考核内容	操作规程	评分要素	评分标准	配分	扣分	得分
1	准备	1. 穿戴好劳动保护用品； 2. 准备工具：四合一气体检测仪、正压式呼吸器（硫化氢井站）、报表、笔、F 扳手、手套、标识牌	准备工具、量具、用具	1. 劳保穿戴不整齐扣 5 分； 2. 未准备工具扣 5 分，多、少一件扣 1 分； 3. 未检查四合一检测仪扣 10 分，少检查一项扣 2 分； 4. 未检查正压式呼吸器扣 10 分，少检查一项扣 2 分	10		

续表

序号	考核内容	操作规程	评分要素	评分标准	配分	扣分	得分
2	启前检查	1. 检查连接基础是否牢固； 2. 检查工艺流程； 3. 检查电机（电源线、静电接地、电机与空冷器电机基座连接、电机风扇防护罩）； 4. 检查传送皮带是否在卡槽内，松紧度合适； 5. 检查空冷器（叶片、百叶窗、管束、各连接部位）； 6. 检查空冷器供电情况； 7. 盘车 3~5 圈； 8. 检查空冷器封头是否渗漏	设备检查，配套设施检查，流程检查	1. 一项未检查扣 5 分； 2. 未盘车扣 10 分	30		
3	启动空冷器	1. 确认启动按钮，启动空冷器； 2. 打开进出口阀门，有旁通的情况下，关闭旁通	根据操作步骤操作	1. 未启动或启动错误扣 20 分； 2. 未打开进出口阀门扣 20 分；有旁通的情况下，未关闭旁通扣 10 分	20		
4	启动后检查	1. 检查空冷器运行声音，是否有异响； 2. 检查空冷器振动情况； 3. 检查电机运行情况； 4. 检查空冷器是否反转； 5. 检查空冷器皮带是否打滑	运行中检查	一项未检查扣 5 分	15		
5	负荷调节	1. 变频器设定合适的温度值； 2. 调节百叶窗开度	1. 温度值满足工艺要求； 2. 若没有变频器，通过调节百叶窗开度，进行温度调节	1. 未调节扣 10 分； 2. 未口述：无变频器时，需通过调节百叶窗开度，进行温度调节扣 5 分	15		
6	停运空冷器	1. 按下停止按钮； 2. 有旁通的情况下，打开旁通，关闭进出口阀门	按操作步骤停运空冷器	1. 未停运扣 5 分； 2. 未打开旁通和关闭进出口阀门扣 5 分	5		

续表

序号	考核内容	操作规程	评分要素	评分标准	配分	扣分	得分
7	填写报表	1. 回收工具，清理现场； 2. 记录参数，填写报表。	规范填写报表及记录	1. 少记录一项扣2分，错误一处扣2分，未记录扣5分； 2. 未回收工具一件扣1分，未回收工具扣5分； 3. 未清理现场扣5分	5		
8	安全文明操作	1. 遵守国家或企业有关安全规定； 2. 操作过程中严格遵守“四不伤害”原则	遵守国家或企业有关安全规定	1. 每违反一项规定，从总分中扣5分； 2. 严重违规取消考核； 3. 因操作不当造成人身伤害，从总分中扣20分； 4. 工具、用具使用不当，一次从总分中扣2分，最多扣20分			
备注							
合 计					100		

考评员： 核分员： 年 月 日

二十、屏蔽泵启停操作

1. 考核要求

（1）必须穿戴劳动保护用品。
（2）工具、用具准备齐全，正确使用。
（3）操作规程符合安全文明操作。
（4）按规定完成操作项目，质量达到技术要求。
（5）操作完毕，做到“工完、料净、场地清”。

2. 准备要求

（1）设备准备：

序　号	名　称	规　格	数　量	备　注
1	屏蔽泵		1 台	

（2）材料准备：

序　号	名　称	规　格	数　量	备　注
1	手套		1 副	
2	报表		1 张	
3	笔		1 支	

（3）工具、量具、用具准备：

序　号	名　称	规　格	数　量	备　注
1	F 扳手		1 把	
2	四合一气体检测仪		1 台	
3	正压式呼吸器		1 套	硫化氢井(站)
4	标识牌	“运行”“备用”	2 个	
5	测温仪		1 台	
6	测振仪		1 台	
7	验电笔		1 支	
8	绝缘手套		1 副	

3. 操作程序说明

1）检查工具、用具、量具
（1）检查各工具、用具及量具的可用性，须符合本次操作使用要求。

(2) 检查四合一检测仪、测温仪、测振仪、验电笔、绝缘手套有无合格证、校验标签是否在有效期内，四合一检测仪归零检测。

(3) 按正压式空气呼吸器检查标准检查。

2) 启泵前检查

(1) 检查基座是否牢固，各紧固螺栓是否牢固。

(2) 检查静电接地。

(3) 检查进出口压力表(是否有合格证、是否在校验期内、指针是否落零)。

(4) 检查进出口阀门开关是否灵活。

(5)检查电源线是否牢固、供电电压正常。

3) 启泵操作

(1) 打开进口阀。

(2) 进行充液和排气。

(3) 确认泵出口阀门关闭。

(4) 如有泵尾阀则打开。

(5) 按下启动按钮，启泵，挂好泵运行标识牌。

(6) 调节泵出口阀门，进行负荷调节。

(7) 启泵后检查泵运行情况。

4) 停泵操作

(1) 关小泵出口阀，按停止按钮，关闭泵出口阀。

(2) 如有泵尾阀则关闭。

(3) 关闭泵进口阀门，排尽泵内液体。

(4) 挂好停泵标识牌。

(5) 回收工具，清理现场。

5) 填写报表

记录参数，填写报表。

4. 考核规定说明

(1) 如发现操作过程中可能发生重大违章(如人身伤害、环境污染、设备损坏等)，将取消操作。

(2) 考核采用百分制，考核项目得分按鉴定比重进行折算。

(3) 考核方式说明：本项目为实际操作题，考核过程按评分标准及操作过程进行评分。

(4) 考评技能说明：本项目主要测试考生对屏蔽泵启停操作技能掌握的熟练程度。

5. 考核时限

(1) 准备工作：1min(不计入考核时间)。

(2) 正式操作时间：10min。

(3) 提前完成操作不加分，到时终止操作。

6. 评分记录表

屏蔽泵启停操作评分记录表

操作时间：25min　　考生：　　操作用时：

序号	考核内容	操作规程	评分要素	评分标准	配分	扣分	得分
1	准备	1. 穿戴好劳动保护用品； 2. 准备工具：四合一气体检测仪、正压式呼吸器(硫化氢井站)、报表、笔、F扳手、手套、测温仪 、测振仪、标识牌、验电笔、绝缘手套	准备工具、量具、用具	1. 劳保穿戴不整齐扣5分； 2. 未准备工具扣5分，多、少一件扣1分； 3. 检查四合一气体检测仪、正压式呼吸器、测温仪、测振仪、标识牌、验电笔、绝缘手套，少一个口5分；检查内容少一项扣2分	15		
2	启泵前检查	1. 检查基座是否牢固，各紧固螺栓是否牢固； 2. 检查静电接地； 3. 检查进出口压力表(是否有合格证、是否在校验期内、指针是否落零)； 4. 检查进出口阀门开关是否灵活； 5. 检查电源线是否牢固、供电电压正常	设备检查，配套流程检查	1. 未检查基座扣5分； 2. 未检查静电接地扣2分； 3. 未检查进出口压力表扣5分，漏一处扣2分； 4. 未检查进出口阀门扣5分； 5. 未检查电源线扣5分，未检查供电电压扣5分	20		
3	启泵操作	1. 打开进口阀门； 2. 进行充液和排气； 3. 确认泵出口阀门关闭； 4. 如有泵尾阀则打开； 5. 按下启动按钮，启泵； 6. 调节泵出口阀门至适度开度，进行负荷调节； 7. 记录启泵时间	根据操作步骤操作	1. 未进行充液和排气或未将气体排尽终止操作； 2. 泵出口阀门未关闭启泵，本项不得分； 3. 阀门开关不到位扣5分； 4. 未缓慢开关阀门扣3分； 5. 未按启动按钮启泵，本项不得分；未将出口阀门调至适度开度扣20分； 6. 若没有泵尾阀则不进行此项操作	25		
4	检查泵运行情况	1. 检查泵体运行情况(压力、温度、振动)； 2. 检查泵体及流程有无泄漏现象； 3. 检查泵工作电流是否适当； 4. 挂好运行标识牌	运行中检查	1. 未检查泵体运行情况扣15分，少一项扣5分； 2. 未检查泵及流程无“跑、冒、滴、漏”，一处扣3分； 3. 未检查工作电流扣10分； 4. 未挂标识牌扣5分	15		

续表

序号	考核内容	操作规程	评分要素	评分标准	配分	扣分	得分
5	停泵操作	1. 关小泵出口阀； 2. 按下停止按钮，停泵； 3. 关闭泵出口阀，关闭泵尾阀； 4. 关闭泵进口阀； 5. 挂好备用标识牌； 6. 口述：冬季生产中，泵内液体含水时或长时间停运，则排尽泵中的气体或液体； 7. 记录停泵时间	按操作步骤停运	1. 泵出口阀未关小停泵扣20分；未按停止按钮本项不得分；泵停止后未关闭出口阀扣20分； 2. 未关泵尾阀扣5分； 3. 未关闭进口阀扣5分； 4. 未口述扣5分； 5. 未挂标识牌扣5分； 6. 若没有泵尾阀则不进行此项操作； 7. 阀门开关不到位扣5分；未缓慢开关阀门扣3分	20		
6	填写报表	1. 回收工具，清理现场； 2. 记录相关参数，填写报表	规范填写报表及记录	1. 少记录一项扣1分，错误一处扣2分，未记录扣5分； 2. 未回收工具扣5分，未回收工具一件扣1分； 3. 未清理现场扣5分	5		
7	安全文明操作	1. 遵守国家或企业有关安全规定； 2. 操作过程中严格遵守“四不伤害”原则	遵守国家或企业有关安全规定	1. 每违反一项规定，从总分中扣5分； 2. 严重违规取消考核； 3. 启泵时未排尽泵内气体终止操作； 4. 因操作不当造成人身伤害，从总分中扣20分； 5. 不正确使用工具、用具，扣分项在安全文明操作项内扣除，一次扣2分，最多扣20分			
备注							
合　计					100		

考评员：　　　　　　　　　　核分员：　　　　　　　　　　年　月　日

二十一、三相分离器投运操作

1. 考核要求

(1) 必须穿戴劳动保护用品。
(2) 工具、用具准备齐全，正确使用。
(3) 操作规程符合安全文明操作。
(4) 按规定完成操作项目，质量达到技术要求。
(5) 操作完毕，做到“工完、料净、场地清”。

2. 准备要求

(1) 设备准备：

序　号	名　称	规　格	数　量	备　注
1	三相分离器		1台	

(2) 材料准备：

序　号	名　称	规　格	数　量	备　注
1	大布		若干	
2	手套		1副	
3	报表		若干	
4	笔		1支	

(3) 工具、量具、用具准备：

序　号	名　称	规　格	数　量	备　注
1	防爆F扳手		1把	
2	正压式空气呼吸器		1套	
3	四合一气体检测仪		1台	

3. 操作程序说明

1) 检查工具、用具

检查各工具、用具及可用性，须符合本次操作使用要求。
(2) 检查四合一检测仪有无合格证、校验标签是否在有效期内，归零检测。
(3) 按正压式空气呼吸器检查标准检查。

2）分离器投运前检查

(1) 检查分离器本体是否完好、各连接处是否连接可靠。

(2) 检查压力表、温度计是否符合使用要求，现场压力表控制阀打开。

(3) 检查各阀门开关状态。

(4) 检查排污阀是否关闭。

(5) 检查液位计磁翻板是否正常、上下连通阀是否开启。

(6) 检查放空阀是否关闭。

(7) 检查安全阀是否完好及进出口阀开启。

3）投运分离器

(1) 打开分离器进口阀门。

(2) 听进液声音。

(3) 观察压力和液位变化。

(4) 打开气相出口阀门，控制分离器内压力在一定的范围内。

(5) 污水液位高时，打开排污阀门。

(6) 当分离器的油相位达到一定时，打开油相出口阀门。

(7) 当分离器压力、液位稳定时，逐渐增加处理量。

(8) 仪表投运自动。

4）分离器投运后的检查

(1) 检查各连接部位是否有“跑、冒、滴、漏”现象。

(2) 检查法兰、阀门、仪表密封情况。

(3) 检查压力、温度、液位。

5）填写报表

(1) 记录参数，填写数据，字迹应正确、完整、清晰、无涂改。

(2) 记录分离器进、出口压力、温度(包括：气、液相)。

(3) 记录分离器液相液位。

(4) 记录分离器投运时间。

6）清理现场

清洁现场，收拾工具，做好相应记录。

4. 考核规定说明

(1) 如操作违章，将停止考核。

(2) 考核采用百分制，考核项目得分按鉴定比重进行折算。

(3) 考核方式说明：本项目为实际操作题，考核过程按评分标准及操作过程进行评分。

(4) 测量技能说明：本项目主要测试考生投运三相分离器的方法及熟练程度。

5. 考核时限

(1) 准备工作：1min(不计入考核时间)。

(2) 正式操作时间：15min。

(3) 提前完成操作不加分，超时停止工作。

6. 评分记录表

三相分离器投运操作评分记录表

操作时间：15min 考生： 操作用时：

序号	考核内容	操作规程	评分要素	评分标准	配分	扣分	得分
1	准备及检查	1. 穿戴好劳动保护用品； 2. 准备工具：F 扳手、四合一检测仪、正压式呼吸器、手套、大布、笔、报表	工具、用具准备	1. 劳保穿戴不整齐扣 5 分； 2. 未准备工具、用具扣 15 分，多、少一件扣 1 分； 3. 未检查四合一检测仪扣 10 分，少检查一项扣 2 分； 4. 未检查正压式呼吸器扣 10 分，少检查一项扣 2 分	10		
2	分离器投运前的检查	1. 检查分离器本体、静电接地和各连接处是否连接可靠； 2. 检查分离器基础、检查压力表、温度计是否符合使用要求； 3. 检查工艺流程、各阀门开关状态； 4. 检查排污阀是否关闭； 5. 检查液位计磁翻板是否正常、上下连通阀是否开启； 6. 检查放空阀是否关闭； 7. 检查安全阀进出口畅通	按照规范各部分检查到位	1. 未检查本体、静电接地和各连接处扣 10 分，少一处扣 2 分； 2. 未检查基础螺栓牢固扣 5 分，少一处扣 2 分；未检查压力表、温度表，一处扣 2 分 3. 未检查工艺流程扣 5 分，未检查各阀门开关状态扣 5 分； 4. 未关闭排污阀投运本项不得分； 5. 未检查液位计扣 5 分，未打开上下游连通阀扣 10 分； 6. 未关闭放空阀本项不得分； 7. 未检查安全阀扣 5 分，少一项内容扣 1 分	20		
3	投运分离器	1. 打开分离器进口阀门； 2. 听进液声音； 3. 观察分离器压力和液位变化； 4. 打开气相出口阀门，控制容器内压力在一定的范围内； 5. 投用机械调节阀控制液位，污水液位高时，打开排污阀门； 6. 投用机械调节阀调节油位，当分离器的油相液位达到一定时，打开油相出口阀门； 7. 当分离器压力、液位稳定时，逐渐增加处理量； 8. 仪表投运自动	按照操作规范进行操作	1. 未缓慢打开进口阀门扣 10 分； 2. 未倾听进液声音扣 5 分； 3. 未观察压力和液位变化情况扣 5 分； 4. 当压力上升到一定时，未打开气相出口阀门扣 10 分； 5. 未及时打开排污阀门扣 10 分； 6. 未打开油相出口阀门扣 10 分； 7. 未按照规定要求增加处理量扣 5 分； 8. 仪表未投自动扣 5 分	50		
4	分离器投运后的检查	1. 检查法兰、阀门、仪表及各连接部位是否有“跑、冒、滴、漏”现象； 2. 检查压力、温度、液位	按照操作规范进行操作	1. 法兰、阀门、仪表及各连接部位渗漏，一处扣 2 分； 2. 未检查流量、压力、温度、液位，一项扣 5 分	10		

续表

序号	考核内容	操作规程	评分要素	评分标准	配分	扣分	得分
5	填写报表	1. 记录分离器进出口压力、温度(包括油相、气相、水相)； 2. 记录分离器油、水相液位； 3. 记录分离器投运时间	规范填写报表及记录	1. 未记录分离器进出口压力、温度或记录数据错误，一处扣2分； 2. 未记录分离器油水液位或记录数据错误，一处扣2分； 3. 未记录分离器投运时间扣2分	5		
6	清理现场	清洁现场，收拾工具，做好相应记录	收拾工具，清洁场地	1. 未回收工具扣3分； 2. 未打扫现场扣2分	5		
7	安全文明操作	1. 遵守国家或企业有关安全规定； 2. 操作过程中严格遵守“四不伤害”原则	遵守国家或企业有关安全规定	每违反一项规定，从总分中扣5分，严重违规停止操作			
备注							
合 计					100		

考评员：　　　　核分员：　　　　年　月　日

二十二、三相分离器巡检操作

1. 考核要求

(1) 必须穿戴劳动保护用品。
(2) 工具、量具、用具准备齐全，正确使用。
(3) 操作规程符合安全文明操作。
(4) 按规定完成操作项目，质量达到技术要求。
(5) 操作完毕，做到“工完、料净、场”地清。

2. 准备要求

(1) 设备准备：

序　号	名　称	规　格	数　量	备　注
1	三相分离器		1 台	

(2) 材料准备：

序　号	名　称	规　格	数　量	备　注
1	大布		若干	
2	手套		若干	
3	报表		1 张	
4	笔		1 支	

(3) 工具、用具准备：

序　号	名　称	规　格	数　量	备　注
1	四合一气体检测仪		1 台	
2	正压式呼吸器		1 套	
3	F 扳手		1 把	

3. 操作程序说明

1）检查工具、用具、量具

检查各工具、用具及量具的可用性，须符合本次操作使用要求。

2）检查分离器流程

（1）三相分离器运行过程中每2h进行一次巡检。

（2）检查三相分离器流程、附件，无“跑、冒、滴、漏”现象，各阀门的开关状态正常。

（3）检查三相分离器本体、进出口压力、温度，在规定范围内。

（4）检查安全阀校验铭牌在有效期内，铅封是否完好，本体有无破损裂痕，根部阀全开；

（5）检查温度计在有效期内，铅封是否完好，表壳有无破损裂痕，刻度是否清晰，指针有无松动现象；

（6）检查压力表在有效期内，量程在1/3～2/3之间，铅封是否完好，表壳有无破损裂痕，刻度是否清晰，指针有无松动现象；

（7）三相分离器油相、水相液位在液位计的1/2～2/3之间；确认液位计通畅，排污阀完好；口述在冬季生产时，检查保温伴热系统工作正常。

3）填写报表

（1）记录参数，填写数据，字迹应正确、完整、清晰、无涂改。

（2）记录三相分离器进、出口压力、温度（包括气相、油相、水相）。

（3）记录三相分离器液位（包括油相、水相的液位）。

（4）记录三相分离器油相、水相、气相瞬时流量、累计流量。

4. 考核规定说明

（1）如发现操作过程中可能发生重大违章（如人身伤害、环境污染、设备损坏等），将取消操作。

（2）考核采用百分制，考核项目得分按鉴定比重进行折算。

（3）考核方式说明：本项目为实际操作题，考核过程按评分标准及操作过程进行评分。

（4）考评技能说明：本项目主要测试考生对分离器巡检技能掌握的熟练程度。

5. 考核时限

（1）准备工作：1min（不计入考核时间）。

（2）正式操作时间：10min。

（3）提前完成操作不加分，到时终止操作考核。

6. 评分记录表

三相分离器巡检操作评分记录表

操作时间：10min　　考生：　　操作用时：

序号	考核内容	操作规程	评分要素	评分标准	配分	扣分	得分
1	准备及检查	1. 穿戴好劳动保护用品； 2. 准备工具：F 扳手、对讲机、四合一检测仪、正压式呼吸器、手套、大布、笔、报表	工具、用具准备	1. 劳保穿戴不整齐扣 5 分； 2. 未准备工具、用具扣 15 分，多、少一件扣 1 分； 3. 未检查四合一检测仪扣 10 分，少检查一项扣 2 分； 4. 未检查正压式呼吸器扣 10 分，少检查一项扣 2 分	10		
2	检查分离器流程	1. 口述三相分离器正常运行过程中每 2h 进行一次巡检； 2. 流程无“跑、冒、滴、漏”现象； 3. 检查阀门开关状态； 4. 检查三相分离器进出口压力、温度，在生产要求范围内； 5. 检查三相分离器安全阀连接“跑、冒、滴、漏”现象；检查安全阀校验铭牌在有效期内，铅封是否完好，本体有无破损裂痕；根部阀全开； 6. 检查温度计在有效期内，铅封是否完好，表壳有无破损裂痕，刻度是否清晰，指针有无松动现象； 7. 检查压力表在有效期内，量程在 1/3 ~ 2/3 之间；铅封是否完好，表壳有无破损裂痕，刻度是否清晰，指针有无松动现象； 8. 三相分离器油相、水相液位在液位计的 1/2 ~ 2/3 之间；确认液位计通畅，排污阀完好； 9. 口述在冬季生产时，检查保温伴热系统正常	设备检查，配套设施检查，流程检查	1. 未口述扣 2 分； 2. 未检查流程无“跑、冒、滴、漏”，一处扣 5 分； 3. 未检查阀门开关状态，一处扣 5 分； 4. 未检查三相分离器进出口压力、温度，一处扣 5 分； 5. 未检查三相分离器安全阀，一处扣 2 分； 6. 未检查温度计，一处扣 2 分； 7. 未检查压力表，一处扣 2 分 8. 未检查三相分离器油相、水相液位、排污阀，一处扣 2 分；未口述液位正常范围值扣 2 分； 9. 未口述冬季生产检查保温伴热系统扣 2 分	70		

续表

序号	考核内容	操作规程	评分要素	评分标准	配分	扣分	得分
3	填写报表	1. 记录进出口管线压力、温度；分离器压力、温度；分离器油相、水相液位； 2. 记录三相分离器油相、水相、气相瞬时流量、累计流量	规范填写报表及记录	1. 不记录压力、温度、液位数值或记录数据错误，一处扣2分； 2. 未记录三相分离器油相、水相、气相瞬时流量、累 计流量或记录数据错误，一处扣2分	15		
4	清理场地	清洁现场，收拾工具	清洁现场，收拾工具	1. 未清理现场扣5分； 2. 工具少收一件扣1分	5		
5	安全文明操作	1. 遵守国家或企业有关安全规定； 2. 操作过程中严格遵守“四不伤害”原则	遵守国家或企业有关安全规定	1. 每违反一项规定，从总分中扣5分； 2. 因操作不当造成人身伤害，从总分中扣20分； 3. 不正确使用工具、用具，扣分项在安全文明操作项内扣除，一次扣2分，最多扣20分； 4. 严重违规取消考核			
备注							
合 计					100		

考评员： 核分员： 年 月 日

二十三、制氮机启停操作

1. 考核要求

(1) 必须穿戴劳动保护用品。
(2) 工具、用具准备齐全，正确使用。
(3) 操作规程符合安全文明操作。
(4) 按规定完成操作项目，质量达到技术要求。
(5) 操作完毕，做到“工完、料净、场”地清。

2. 准备要求

(1) 设备准备：

序　号	名　称	规　格	数　量	备　注
1	制氮机		1台	

(2) 材料准备：

序　号	名　称	规　格	数　量	备　注
1	手套		1副	
2	报表		1张	
3	笔		1支	

(3) 工具、量具、用具准备：

序　号	名　称	规　格	数　量	备　注
1	F扳手		1把	
2	四合一气体检测仪		1台	
3	标识牌	“运行”“备用”	2个	

3. 操作程序说明

1) 检查工具、用具、量具

检查各工具、用具及量具的可用性，须符合本次操作使用要求。

2）启运操作

（1）检查电源供电正常。

（2）检查确认工艺流程。

（3）检查供气压力在 0.5~1.0MPa 之间。

（4）检查控制线路。

（5）打开压缩空气供气阀，冷冻干燥机冷媒高低压表视值 0.5~1.0MPa。

（6）按下程序启动按钮，启动冷干机；按下程序运行按钮，启动吸附器。

（7）调整氮气纯度及流量（氮气纯度不低于 98%，流量不大于 $200m^3/h$）。

3）停运操作

（1）关闭供气阀。

（2）按下冷干机“程序停车”按钮。

（3）待吸附器双塔压力相同时，按吸附器“程序停止”按钮，停止吸附器运行。

（4）若长时间停车，则关闭全部阀门，关闭分析阀及分析仪，切断电源。

（5）挂好停车标识牌。

（6）回收工具，清理现场。

4）填写报表

记录参数，填写报表。

4. 考核规定说明

（1）如发现操作过程中可能发生重大违章（如人身伤害、环境污染、设备损坏等），将取消操作。

（2）考核采用百分制，考核项目得分按鉴定比重进行折算。

（3）考核方式说明：本项目为实际操作题，考核过程按评分标准及操作过程进行评分。

（4）考评技能说明：本项目主要测试考生对制氮机启停操作技能掌握的熟练程度。

5. 考核时限

（1）准备工作：1min（不计入考核时间）。

（2）正式操作时间：15min。

（3）提前完成操作不加分，到时终止操作。

6. 评分记录表

制氮机启停操作评分记录表

操作时间：15min　　　　考生：　　　　操作用时：

序号	考核内容	操作规程	评分要素	评分标准	配分	扣分	得分
1	准备	1. 穿戴好劳动保护用品； 2. 准备工具：四合一气体检测仪、报表、笔、F 扳手、手套、标识牌	准备工具、量具、用具	1. 劳保穿戴不整齐扣 5 分； 2. 未准备工具扣 5 分，多、少一件扣 1 分	5		

续表

序号	考核内容	操作规程	评分要素	评分标准	配分	扣分	得分
2	制氮机启动前的准备	1. 检查电源供电正常。 2. 检查确认工艺流程。 3. 检查供气压力在 0.5～1.0MPa 之间； 4. 检查控制线路	设备检查，配套设施检查，流程检查	1. 未检查电源供电情况扣 5 分； 2. 未检查阀门开关状态，一处扣 3 分；阀门开关不到位扣 5 分；未缓慢开关阀门扣 2 分； 3. 未检查供气压力扣 5 分； 4. 未检查控制线路扣 5 分	20		
3	启动冷冻干燥机	1. 检查过滤器排污阀是否关闭； 2. 缓慢打开供气阀； 3. 观察冷冻干燥机压力； 4. 按下程序启动按钮，启动冷干机； 5. 按下程序运行按钮，启动吸附器； 6. 调整氮气纯度及流量； 7. 挂好运行标识牌	根据操作步骤操作	1. 未关闭过滤器排污阀扣 10 分； 2. 未打开供气阀充压扣 10 分； 3. 未检查冷冻干燥机压力扣 3 分；未检查流程无“跑、冒、滴、漏”，一处扣 3 分； 4. 未启动冷干机扣 10 分； 5. 未启动吸附器扣 10 分； 6. 未调整氮气纯度及流量扣 10 分； 7. 未挂标识牌扣 5 分	40		
4	停泵操作	1. 关闭供气阀； 2. 按下冷干机“程序停车”按钮； 3. 按吸附器“程序停止”按钮； 4. 口述：若长时间停车，则关闭全部阀门，关闭分析阀及分析仪，切断电源，对空气储罐进行排污； 5. 切断电源； 6. 挂好备用标识牌	按操作步骤停运	1. 未关闭供气阀扣 10 分； 2. 未停运冷干机扣 10 分； 3. 未停运吸附器扣 10 分； 4. 未口述扣 5 分； 5. 未切断电源，扣 5 分； 6. 未挂标识牌扣 5 分	30		
5	填写报表	1. 回收工具，清理现场； 2. 记录相关参数，填写报表	1. 规范填写报表及记录； 2. 回收工具，清理现场	1. 少记录一项扣 1 分，错误一处扣 2 分，未记录扣 5 分； 2. 未回收工具一件扣 1 分，未回收工具扣 5 分； 3. 未清理现场扣 5 分	5		

续表

序号	考核内容	操作规程	评分要素	评分标准	配分	扣分	得分
6	安全文明操作	1. 遵守国家或企业有关安全规定； 2. 操作过程中严格遵守“四不伤害”原则	遵守国家或企业有关安全规定	1. 每违反一项规定，从总分中扣5分； 2. 严重违规取消考核； 3. 因操作不当造成人身伤害，从总分中扣20分； 4. 不正确使用工具、用具，扣分项在安全文明操作项内扣除，一次扣2分，最多扣20分			
备注							
合 计					100		

考评员： 核分员： 年 月 日

二十四、螺杆压缩机巡检操作

1. 考核要求

(1) 必须穿戴劳动保护用品。
(2) 工具、量具、用具准备齐全，正确使用。
(3) 操作规程符合安全文明操作。
(4) 按规定完成操作项目，质量达到技术要求。
(5) 操作完毕，做到“工完、料净、场”地清。

2. 准备要求

(1) 设备准备：

序 号	名 称	规 格	数 量	备 注
1	螺杆压缩机		1台	

(2) 材料准备：

序 号	名 称	规 格	数 量	备 注
1	大布		若干	
2	手套		若干	
3	笔		1支	
4	报表		若干	

(3) 工具、用具准备：

序 号	名 称	规 格	数 量	备 注
1	活动扳手	350mm	1把	
2	开口扳手		1套	
3	测温枪		1把	
4	四合一检测仪		1台	
5	正压式呼吸器		1套	硫化氢井(站)

续表

序 号	名 称	规 格	数 量	备 注
6	验电笔		1支	
7	橡胶绝缘手套		1副	

3. 操作程序说明

1）检查工具、用具、量具

（1）检查各工具、用具及量具的可用性，须符合本次操作使用要求。

（2）检查测温枪有无合格证、是否符合安全要求、校验标签是否在有效期内。

（3）检查验电笔有无合格证、校验标签是否在有效期内；外观检测：外观是否完好有无破损、有无受潮或进水。

（4）检查四合一检测仪有无合格证、校验标签是否在有效期内，有无归零检测。

（5）检查橡胶绝缘手套有无合格证、校验标签是否在有效期内，检查橡胶手套气密性是否完好。

2）巡检操作

（1）使用试电笔检测控制柜，无电后检查螺杆压缩机 PLC 控制柜运行状况，记录控制柜中参数。

（2）检查螺杆压缩机进出口连接处有无渗漏，并记录现场压力、温度。

（3）检查螺杆压缩机润滑冷却系统连接处有无渗漏，检查并记录润滑油进出口压力、温度、液位（口述：润滑油系统压力控制在 0.3～0.4MPa 之间；润滑油液位在 1/2～2/3 之间，动液位不低于 1/2）。

（4）检查螺杆压缩机冷却水系统连接处有无渗漏，记录冷却系统进、出压力、温度。

（5）使用测温枪测量螺杆压缩机泵体和电机温度。

（6）检查电机、泵体地脚螺栓是否松动，检测电机、泵体静电接地是否完好（检查内容：静电接地连接牢固，有检验标签在有效期内）。

（7）填写报表。

4. 考核规定说明

（1）如发现操作过程中可能发生重大违章（如人身伤害、环境污染、设备损坏等）将终止操作。

（2）考核采用百分制，考核项目得分按鉴定比重进行折算。

（3）考核方式说明：本项目为实际操作题，考核过程按评分标准及操作过程进行评分。

（4）测量技能说明：本项目主要测试考生掌握日常螺杆压缩机重点参数录取及巡检重点检查部位。

5. 考核时限

（1）准备工作：1min（不计入考核时间）。

（2）正式操作：20min。

（3）提前完成操作不加分，到时终止操作考核。

6. 评分记录表

螺杆压缩机巡检操作评分记录表

操作时间：20min　　考生：　　操作用时：

序号	考核内容	操作规程	评分要素	评分标准	配分	扣分	得分
1	准备	1. 穿戴好劳动保护用品； 2. 准备工具：活动扳手、对讲机、四合一检测仪、正压式呼吸器（硫化氢井站）、测温枪、验电笔、绝缘手套、开口扳手、手套、大布、笔、报表	工具、用具准备	1. 劳保穿戴不整齐扣5分； 2. 未准备工具此项不得分，多、少一件扣1分； 3. 未检查四合一检测仪扣5分，少检查一项扣2分； 4. 未检查正压式呼吸器扣5分，少检查一项扣2分； 5. 未检查测温枪、验电笔、绝缘手套各扣5分，少检查一项扣2分	10		
2	PLC控制柜检查	1. 用试电笔检测控制柜，按要求打开控制柜； 2. 检查压缩机各参数值是否在正常范围内（进排气压力、温度，润滑油压力、温度，绕组1温度，绕组2温度，绕组3温度）； 3. 有报警信号及时进行检查和处理； 4. 故障处理后进行复位	检查控制柜	1. 未用试电笔检测控制柜扣10分，未按要求打开控制柜扣5分； 2. PLC面板参数少记录一样扣2分； 3. 有报警信号未及时进行检查和处理，此项不得分； 4. 故障处理后未进行复位扣10分	25		
3	机泵检查	1. 检查压缩机进出口管线阀门、法兰连接处有无渗漏，记录现场压力、温度； 2. 检查润滑油系统（连接管线、阀门是否渗漏，循环泵运转是否正常，记录润滑油温度、压力）； 3. 口述：液位控制在1/2～2/3之间，动液位不低于1/2，润滑油压力控制在0.3～0.4MPa之间； 4. 检查冷却循环系统阀门、法兰连接处有无渗漏； 5. 检查压缩机电机、泵地脚螺栓链接紧固； 6. 用测温枪检测泵、电机温度； 7. 检查安全阀：法兰连接处无渗漏，安全阀根部阀开启有铅封，安全阀在有效期内铅封完好； 8. 检查机泵静电接地符合要求（静电接地连接牢固，有检验标签且在有效期内）	1. 检查压缩机流程； 2. 检查润滑油系统； 3. 压缩机本体巡检	1. 未检查阀门开关状态，各连接处是否渗漏，一处扣2分；未录取现场压力、温度，一处扣2分； 2. 未检查润滑油系统扣20分；未检查润滑油循环泵运转状况扣10分；未检查润滑油压力扣10分；未检查润滑油空冷器运转情况扣5分，少检查一处扣2分； 3. 未口述润滑油系统压力、液位标准值扣10分，少说一项扣3分； 4. 不检查冷却循环系统扣20分，少检查一处扣2分； 5. 未检查压缩机地脚螺栓扣10分，少检查一处扣2分； 6. 未用测温枪检测机泵、电机温度扣5分，少检测一处扣2分； 7. 未检查安全阀扣10分，少检查一处扣5分； 8. 未检查静电接地扣10分，少检查一处扣5分，检查内容少一项扣2分	55		

续表

序号	考核内容	操作规程	评分要素	评分标准	配分	扣分	得分
4	清理场地、填写报表	清洁现场，收拾工具，做好相应记录	记录参数，填写数据	1. 字迹不清晰，一处扣2分； 2. 涂改一处扣2分； 3. 漏填少填一处扣5分； 4. 工具少收一件扣1分；未清理场地扣5分	10		
5	安全文明操作	1. 遵守国家或企业有关安全规定； 2. 操作过程中严格遵守“四不伤害”原则	遵守国家或企业有关安全规定	1. 每违反一项规定，从总分中扣5分； 2. 因操作不当造成人身伤害，从总分中扣20分； 3. 严重违规、流程憋压，取消考核资格； 4. 不正确使用工具、用具，扣分项在安全文明操作项内扣除，一次扣2分，最多扣20分			
备注							
合计					100		

考评员： 核分员： 年 月 日

二十五、火炬系统放空点火(手动点火)操作

1. 考核要求

(1) 必须穿戴劳动保护用品。
(2) 工具、量具、用具准备齐全，正确使用。
(3) 操作规程符合安全文明操作。
(4) 按规定完成操作项目，质量达到技术要求。
(5) 操作完毕，做到“工完、料净、场地清”。

2. 准备要求

(1) 设备准备：

序　号	名　称	规　格	数　量	备　注
1	放空火炬		1 座	
2	缓冲罐		1 台	
3	水封罐		1 台	

(2) 材料准备：

序　号	名　称	规　格	数　量	备　注
1	大布		若干	
2	手套		若干	
3	笔		1 支	
4	报表		若干	

(3) 工具、用具准备：

序　号	名　称	规　格	数　量	备　注
1	F 扳手		1 把	
2	四合一检测仪		1 台	

续表

序 号	名 称	规 格	数 量	备 注
3	正压式呼吸器		1套	硫化氢井(站)
4	活动扳手	350mm	2把	
5	打火机		1个	
6	燃料油	250mL	1瓶	

3. 操作程序说明

1）检查工具、用具、量具

（1）检查各工具、用具及量具的可用性，须符合本次操作使用要求。

（2）检查测温枪有无合格证、是否符合安全要求、校验标签是否在有效期内。

（3）按正压式呼吸器检查要求检查正压式空气呼吸器。

（4）检查四合一检测仪有无合格证、校验标签是否在有效期内，归零检测。

2）火炬放空点火操作

（1）系统压力出现高压异常，设备检修、维修等作业时需要进行系统或设备泄压操作进行放空做业。

（2）检查天然气缓冲罐进出口阀门是否处于开启状态。

（3）检查水封罐进出口阀门是否处于开启状态，液位在1/2~2/3之间。

（4）检查自动点火装置在无法使用时进行手动点火操作。

（5）检查火炬放空阀门开关是否灵活，检查阻火器是否完好、火炬排污阀是否关闭。

(6)检查“火老鼠”控制阀门开关是否灵活。

(7)将大布沾上燃料油放在“火老鼠”下端进行固定，点着含油大布，缓慢打开“火老鼠”控制阀门(点火注意事项：①先点火后开气；②无控制不点火；③阀门开关不灵不点火)。

（8）待“火老鼠”点燃后开大控制阀门直至“火老鼠”燃烧至火炬顶端，缓慢打开放空火炬控制阀点燃火炬，关闭“火老鼠”控制阀门，将燃油大布火焰熄灭。

（9）调整火炬放空控制阀，控制放空量及系统压力，防止火炬烧油。

（10）记录放空时间。

4. 考核规定说明

（1）如发现操作过程中可能发生重大违章(如人身伤害、环境污染、设备损坏等)，将终止操作。

（2）考核采用百分制，考核项目得分按鉴定比重进行折算。

（3）考核方式说明：本项目为实际操作题，考核过程按评分标准及操作过程进行评分。

（4）测量技能说明：本项目主要测试考生对应急放空和火炬手动点火操作。

5. 考核时限

（1）准备工作：1min（不计入考核时间）。
（2）正式操作：20min。
（3）提前完成操作不加分，到时终止操作考核。

6. 评分记录表

火炬系统放空点火操作（手动点火）评分记录表

操作时间：20min　　考生：　　操作用时：

序号	考核内容	操作规程	评分要素	评分标准	配分	扣分	得分
1	准备	1. 穿戴好劳动保护用品； 2. 准备工具：燃料油、打火机、F 扳手、对讲机、四合一检测仪、正压式呼吸器（硫化氢井站）、手套、大布、笔、报表	工具、用具准备	1. 劳保穿戴不整齐扣 5 分； 2. 未准备工具扣 5 分，多、少一件扣 1 分； 3. 未检查四合一检测仪扣 10 分，少检查一项扣 2 分； 4. 未检查正压式呼吸器扣 10 分，少检查一项扣 2 分	10		
2	点火前检查	1. 口述：系统压力出现高压异常，设备检维修等作业时需要进行放空操作； 2. 检查天然气分离缓冲罐进出口阀门是否处于开启状态，液位不高于 1/2； 3. 检查水封罐进出口阀门是否处于开启状态，水封罐液位在 1/2～2/3 之间； 4. 检查火炬放空控制阀门开关是否灵活，检查阻火器是否完好，火炬排污阀是否关闭； 5. 检查自动控制点火装置工作状态	1. 检查备用罐； 2. 检查流程	1. 未口述扣 10 分，口述少一项扣 5 分； 2. 未检查分离缓冲罐扣 20 分，少检查一项扣 5 分； 3. 未检查水封罐扣 20 分，少检查一项扣 5 分； 4. 未检查放空阀门开关状态扣 10 分，不检查阀门灵活度扣 5 分；不检查阻火器、排污阀门，状态一处扣 5 分； 5. 未检查自动控制点火装置工作状态扣 10 分	35		

续表

序号	考核内容	操作规程	评分要素	评分标准	配分	扣分	得分
3	点火操作	1. 口述：自动点火装置无法使用时进行手动点火操作； 2. 检查“火老鼠”控制阀门开关是否灵活； 3. 将大布沾上燃料油放在“火老鼠”下端进行固定，点着含油大布，缓慢打开“火老鼠”控制阀门（点火注意事项：①先点火后开气；②无控制不点火；③阀门开关不灵活不点火）； 4. 待“火老鼠”点燃后开大控制阀门直至“火老鼠”燃烧至火炬顶端，缓慢打开放空火炬控制阀点燃火炬，关闭“火老鼠”控制阀门，将燃油大布火焰熄灭； 5. 调整火炬放空控制阀，（口述：①控制放空量及系统压力；②防止火炬烧油）	1. 点燃“火老鼠”； 2. 点燃火炬； 3. 调整火炬	1. 未口述手动点火原因扣10分； 2. 未检查“火老鼠”控制阀门扣10分； 3. 未固定含油大布扣5分；未口述点火注意事项扣10分，少说一项扣5分；未缓慢开“火老鼠”控制阀门扣10分，开关阀门错误扣20分； 4. 放空火炬点燃后未关闭“火老鼠”控制阀门扣10分，未熄灭燃油大布火焰扣10分； 5. 未调整放空火炬控制阀扣20分，未口述调整内容扣15，少说一项扣10分	50		
4	清理场地，填写报表	清洁现场，收拾工具，做好相应记录	记录参数，填写数据	1. 字迹不清晰一处扣2分； 2. 涂改一处扣5分； 3. 漏填、少填一处扣5分	5		
5	安全文明操作	1. 遵守国家或企业有关安全规定； 2. 操作过程中严格遵守“四不伤害”原则	遵守国家或企业有关安全规定	1. 每违反一项规定，从总分中扣5分； 2. 因操作不当造成人身伤害，从总分中扣20分； 3. 严重违规、流程憋压，取消考核资格； 4. 不正确使用工具、用具，扣分项在安全文明操作项内扣除，一次扣2分，最多扣20分			
备注							
合　计					100		

考评员：　　　　核分员：　　　　年　月　日

7. 报表

火炬系统报表

缓冲罐			水封罐			备　注
入口压力/MPa	出口压力/MPa	液位/mm	入口压力/MPa	出口压力/MPa	液位/mm	

填表人：　　　　填表日期：

二十六、脱硫塔(干法)串并联操作

1. 考核要求

(1) 必须穿戴劳动保护用品。
(2) 工具、量具、用具准备齐全，正确使用。
(3) 操作规程符合安全文明操作。
(4) 按规定完成操作项目，质量达到技术要求。
(5) 操作完毕，做到"工完、料净、场地清"。

2. 准备要求

(1) 设备准备：

序　号	名　称	规　格	数　量	备　注
1	脱硫塔		2 座	

(2) 材料准备：

序　号	名　称	规　格	数　量	备　注
1	大布		若干	
2	手套		若干	
3	笔		1 支	
4	报表		若干	

(3) 工具、用具准备：

序　号	名　称	规　格	数　量	备　注
1	F 扳手		1 把	
2	四合一检测仪		1 台	
3	正压式空气呼吸器		1 套	
4	对讲机		1 部	
5	活动扳手	350mm	1 把	
6	开口扳手	17~19	1 把	

3. 操作程序说明

1) 检查工具、用具、量具
(1) 检查各工具、用具及量具的可用性，须符合本次操作使用要求。

（2）按正压式空气呼吸器检查标准检查。

（3）检查四合一检测仪有无合格证、校验标签是否在有效期内，是否有归零检测。

2）串联操作

（1）在用脱硫塔气出口硫化氢检测含量≥20×10^{-6}时进行脱硫塔串联使用。

（2）检查在用脱硫塔压力、进出口阀门开关状态。

（3）检查备用脱硫塔流程、阀门开关状态、压力表、温度表、安全阀是否完好。

（4）检查备用脱硫塔流程安全阀校验铭牌在有效期内，铅封是否完好，本体有无破损裂痕，根部阀是否全开。

（5）检查备用脱硫塔温度计是否在有效期内，铅封是否完好，表壳有无破损裂痕，刻度是否清晰，指针有无松动现象。

（6）检查备用脱硫塔压力表是否在有效期内，铅封是否完好，表壳有无破损裂痕，刻度是否清晰，指针有无松动现象。

（7）打开备用脱硫塔进口阀门，缓慢打开在用塔出口与备用塔进口连通阀，观察备用塔压力、温度变化情况。

（8）待备用脱硫塔压力达到系统压力，缓慢打开备用脱硫塔出口阀门。

（9）填写报表。

3）并联操作

（1）当含硫化氢气体处理量超出一台脱硫塔处理能力时，进行脱硫塔并联操作。

（2）检查在用脱硫塔压力，进出口阀门开关状态。

（3）检查备用脱硫塔流程、阀门开关状态、压力表、温度表、安全阀是否完好。

（4）检查备用脱硫塔流程安全阀校验铭牌是否在有效期内，铅封是否完好，本体有无破损裂痕，根部阀是否全开。

（5）检查备用脱硫塔温度计是否在有效期内，铅封是否完好，表壳有无破损裂痕，刻度是否清晰，指针有无松动现象。

（6）检查备用脱硫塔压力表是否在有效期内，铅封是否完好，表壳有无破损裂痕，刻度是否清晰，指针有无松动现象。

（7）缓慢打开备用脱硫塔进口阀门。

（8）待备用脱硫塔压力达到系统压力时，缓慢打开备用脱硫塔出口阀门。

（9）备用脱硫塔投运正常后，填写报表。

4. 考核规定说明

（1）如发现操作过程中可能发生重大违章（如人身伤害、环境污染、设备损坏等），将终止操作。

（2）考核采用百分制，考核项目得分按鉴定比重进行折算。

（3）考核方式说明：本项目为实际操作题，考核过程按评分标准及操作过程进行评分。

（4）测量技能说明：本项目主要测试考生对脱硫塔串并连流程切换及脱硫塔投运前的检查。

5. 考核时限

（1）准备工作：1min（不计入考核时间）。

（2）正式操作：25min。

（3）提前完成操作不加分，到时终止操作考核。

6. 评分记录表

1）串联

脱硫塔（干法）串联操作评分记录表

操作时间：25min　　考生：　　操作用时：

序号	考核内容	操作规程	评分要素	评分标准	配分	扣分	得分
1	准备及检查	1. 穿戴好劳动保护用品； 2. 准备工具：活动扳手、开口扳手、F 扳手、对讲机、四合一检测仪、正压式呼吸器、手套、大布、笔、报表	工具、用具准备	1. 劳保穿戴不整齐扣 5 分； 2. 未准备工具扣 10 分，多、少一件扣 1 分； 3. 未检查四合一检测仪扣 10 分，少检查一项扣 2 分； 4. 未检查正压式呼吸器扣 10 分，少检查一项扣 2 分	10		
2	穿戴防护器材	正确佩戴正压式空气呼吸器	佩戴正压式空气呼吸器	未佩戴空气呼吸器，此项不得分，步骤操作错误，一项扣 5 分	15		
3	检查设备，投运设备	1. 检查在用脱硫塔压力进出口阀门开关状态； 2. 检查备用脱硫塔流程、阀门开关状态、压力表、温度表、是否完好； 3. 检查备用脱硫塔安全阀校验铭牌是否在有效期内，铅封是否完好，本体有无破损裂痕，根部阀全开； 4. 检查备用脱硫塔温度计在有效期内，铅封是否完好，表壳有无破损裂痕，刻度是否清晰，指针有无松动现象； 5. 检查备用脱硫塔压力表在有效期内，铅封是否完好，表壳有无破损裂痕，刻度是否清晰，指针有无松动现象； 6. 打开备用脱硫塔进口阀门（开关阀门侧身操作，阀门开到位后回 1/4～1/2 圈），缓慢打开在用塔出口与备用塔进口连通阀，观察备用塔压力、温度变化情况； 7. 待备用脱硫塔压力达到系统压力，缓慢打开脱硫塔出口阀门，待压力稳定后填写报表	1. 检查备用脱硫塔； 2. 流程切换	1. 未检查在用脱硫塔流程扣 20 分，少检查一处扣 5 分； 2. 未检查备用脱硫塔，此项不得分，少检查一处扣 5 分； 3. 未检查安全阀扣 20 分，少检查一项扣 5 分； 4. 未检查温度计扣 10 分，少检查一处扣 5 分，少检查一项扣 2 分； 5. 未检查压力表扣 10 分，少检查一处扣 5 分，少检查一项扣 2 分； 6. 倒错流程，此项不得分，开关阀门不正确一次扣 3 分； 7. 未观察备用脱硫塔压力或未达到系统压力时打开出口阀门扣 20 分	65		

续表

序号	考核内容	操作规程	评分要素	评分标准	配分	扣分	得分
4	填写报表，收拾工具	清洁现场，收拾工具，做好相应记录	记录参数，填写数据	1. 字迹不清晰，一处扣2分； 2. 涂改一处扣5分； 3. 漏填、少填一处扣2分； 4. 未填写报表，此项不得分； 5. 未回收工具扣5分，少收一样扣1分	10		
5	安全文明操作	1. 遵守国家或企业有关安全规定； 2. 操作过程中严格遵守“四不伤害”原则	遵守国家或企业有关安全规定	1. 每违反一项规定，从总分中扣5分； 2. 因操作不当造成人身伤害，从总分中扣20分； 3. 严重违规、流程憋压，取消考核资格； 4. 不正确使用工具、用具，扣分项在安全文明操作项内扣除，一次扣2分，最多扣20分			
备注							
合 计					100		

考评员： 核分员： 年 月 日

2）并联

脱硫塔（干法）并联操作评分记录表

操作时间：25min 考生： 操作用时：

序号	考核内容	操作规程	评分要素	评分标准	配分	扣分	得分
1	准备及检查	1. 穿戴好劳动保护用品； 2. 准备工具：活动扳手、开口扳手、F扳手、对讲机、四合一检测仪、正压式呼吸器、手套、大布、笔、报表	工具、用具准备	1. 劳保穿戴不整齐扣5分； 2. 未准备工具扣10分，多、少一件扣1分； 3. 未检查四合一检测仪扣10分，少检查一项扣2分； 4. 未检查正压式呼吸器扣10分，少检查一项扣2分	10		
2	穿戴防护器材	正确佩戴正压式空气呼吸器	佩戴正压式空气呼吸器	未佩戴空气呼吸器此项不得分，步骤操作错误，一项扣5分	15		

续表

序号	考核内容	操作规程	评分要素	评分标准	配分	扣分	得分
3	检查设备，投运设备	1. 检查在用脱硫塔压力、进出口阀门开关状态； 2. 检查备用脱硫塔流程、阀门开关状态、压力表、温度表、安全阀是否完好； 3. 检查备用脱硫塔流程、安全阀校验铭牌在有效期内，铅封是否完好，本体有无破损裂痕，根部阀全开； 4. 检查备用脱硫塔温度计在有效期内，铅封是否完好，表壳有无破损裂痕，刻度是否清晰，指针有无松动现象； 5. 检查备用脱硫塔压力表在有效期内，铅封是否完好，表壳有无破损裂痕，刻度是否清晰，指针有无松动现象； 6. 缓慢打开备用脱硫塔进口阀门(开关阀门侧身操作，阀门开到位后回 1/4~1/2 圈)； 7. 待投运备用脱硫塔压力达到系统压力，缓慢打开脱硫塔出口阀门；待压力稳定后填写报表	1. 检查备用脱硫塔； 2. 流程切换	1. 未检查在用脱硫塔流程扣 20 分，少检查一处扣 5 分； 2. 未检查备用脱硫塔此项不得分，少检查一处扣 5 分； 3. 未检查安全阀扣 20 分，少检查一项扣 5 分； 4. 未检查温度计扣 10 分，少检查一处扣 5 分，少检查一项扣 2 分； 5. 未检查压力表扣 10 分，少检查一处扣 5 分，少检查一项扣 2 分； 6. 倒错流程此项不得分，开关阀门不正确一次扣 3 分； 7. 未观察备用脱硫塔压力或未达到系统压力时打开出口阀门扣 20 分	65		
4	填写报表，收拾工具	清洁现场，收拾工具，做好相应记录	记录参数，填写数据	1. 字迹不清晰，一处扣 2 分； 2. 涂改一处扣 5 分； 3. 漏填、少填一处扣 5 分； 4. 未填写报表，此项不得分； 5. 未回收工具扣 5 分，少收一样扣 1 分，未清理现场扣 5 分	10		
5	安全文明操作	1. 遵守国家或企业有关安全规定； 2. 操作过程中严格遵守“四不伤害”原则	遵守国家或企业有关安全规定	1. 每违反一项规定，从总分中扣 5 分； 2. 因操作不当造成人身伤害，从总分中扣 20 分； 3. 严重违规、流程憋压，取消考核资格； 4. 不正确使用工具、用具，扣分项在安全文明操作项内扣除，一次扣 2 分，最多扣 20 分			

续表

序号	考核内容	操作规程	评分要素	评分标准	配分	扣分	得分
备注							
合　计					100		

考评员：　　　　核分员：　　　　年　月　日

7. 报表

脱硫塔报表

1号脱硫塔					2号脱硫塔				
进压/MPa	进温/℃	出压/MPa	出温/℃	塔温/℃	进压/MPa	进温/℃	出压/MPa	出温/℃	塔温/℃
备注	1号为在用脱硫塔，2号为备用脱硫塔								

填表人：　　　　填表日期：

二十七、事故罐投停用操作

1. 考核要求

（1）必须穿戴劳动保护用品。
（2）工具、量具、用具准备齐全，正确使用。
（3）操作规程符合安全文明操作。
（4）按规定完成操作项目，质量达到技术要求。
（5）操作完毕，做到“工完、料净、场地清”。

2. 准备要求

（1）设备准备：

序　号	名　称	规　格	数　量	备　注
1	原油储罐	200～500m^3	1 座	

（2）材料准备：

序　号	名　称	规　格	数　量	备　注
1	大布		若干	
2	手套		若干	
3	笔		1 支	
4	报表		若干	

（3）工具、用具准备：

序　号	名　称	规　格	数　量	备　注
1	F 扳手		1 把	
2	四合一检测仪		1 台	
3	正压式呼吸器		1 套	硫化氢井(站)
4	量油尺	15～25m	1 把	分度值 1mm

3. 操作程序说明

1）检查工具、用具、量具
（1）检查各工具、用具及量具的可用性，须符合本次操作使用要求。

(2) 检查量油尺有无合格证、是否符合安全要求、校验标签是否在有效期内、尺身刻度是否清晰无折扭、铜锤刻度是否清晰无划痕。

2) 事故罐投运操作

(1) 因站内停电、长输管道泄露、外输泵故障、外输管道超压等影响正常生产情况时应投运事故罐进行应急生产。

(2) 投运事故流程、事故罐时须向所在单位生产运行通知并说明原因。

(3) 检查事故罐呼吸阀(连接牢固，无“跑、冒、滴、漏”)、液压安全阀(连接牢固，无“跑、冒、滴、漏”；液位符合要求)、液位计(刻度清晰，灵活好用)、人孔法兰(密封良好，无“跑、冒、滴、漏”)、烟雾灭火装置(完好、在校验期内)。

(4) 检查事故罐流程(进出油阀门、检查罐顶放空阀门并打开、伴热管线进出口阀门、伴热管线排污阀开关状态)。

(5) 量油尺测量事故罐液位并记录，切改事故流程。

(6) 缓慢打开事故罐进油阀门，停外输泵、关闭出站阀门。

(7) 调节事故流程阀门开启度，控制分离缓冲罐液位在 1/2~2/3 之间。

(8) 冬季投运事故罐伴热系统，确保罐内余油温度正常。

(9) 事故罐进油高度不得超过油罐上限。

(10) 填写报表。

3) 事故罐停用操作

(1) 接本单位生产运行通知或站内生产恢复正常后，进行事故罐停运操作。

(2) 倒通站内正常生产流程，停止事故流程，启动外输泵，恢复正常生产流程。

(3) 启动事故罐提升泵，将事故罐内液位降至最低液位。

(4) 停事故罐提升泵，关事故罐出口阀门，用量油尺测量事故罐液位并记录。

(5) 事故罐停用后，根据罐内余油温度投运伴热系统。

(6) 填写记录。

4. 考核规定说明

(1) 如发现操作过程中可能发生重大违章(如人身伤害、环境污染、设备损坏等)，将终止操作。

(2) 考核采用百分制，考核项目得分按鉴定比重进行折算。

(3) 考核方式说明：本项目为实际操作题，考核过程按评分标准及操作过程进行评分。

(4) 测量技能说明：本项目主要测试考生对原油事故罐、事故流程掌握的熟练程度。

5. 考核时限

(1) 准备工作：1min(不计入考核时间)。

(2) 正式操作：25min。

(3) 提前完成操作不加分，到时终止操作考核。

6. 评分记录表

事故罐投停用操作评分记录表

操作时间：25min　　　　考生：　　　　操作用时：

序号	考核内容	操作规程	评分要素	评分标准	配分	扣分	得分
1	准备	1. 穿戴好劳动保护用品； 2. 准备工具：量油尺、F扳手、对讲机、四合一检测仪、正压式呼吸器(硫化氢井站)、手套、大布、笔、报表	工具、用具准备	1. 劳保穿戴不整齐扣5分； 2. 未准备工具扣10分，多、少一件扣1分； 3. 未检查四合一检测仪扣5分，少检查一项扣2分； 4. 未检查正压式呼吸器扣5分，少检查一项扣2分； 5. 未检查量油尺扣5分，少检查一项扣2分	10		
2	事故罐投运前检查	1. 口述：因站内停电、长输管道泄露、外输泵故障、外输压力超过长输管道设计压力等影响正常生产情况时投运事故流程； 2. 口述：通知本单位生产运行或班长投运事故罐原因； 3. 检查事故罐附件连接牢固，无“跑、冒、滴、漏”，液压安全阀液位符合要求，液位计(刻度清晰，灵活好用)、人孔法兰(密封良好，无“跑、冒、滴、漏”)、烟雾灭火装置(完好、在校验期内) 4. 检查事故罐流程(进出油阀、压力表、罐顶放空阀门、伴热系统	1. 事故罐投运条件； 2. 事故罐检查	1. 未口述扣5分，口述少一项扣2分； 2. 未口述扣5分，口述少一项扣2分； 3. 未检查事故罐附件扣20分，少检查一处扣5分，少检查一项扣2分； 4. 未检查扣20分，少检查一处扣5分	30		
3	投用事故罐	1. 量油尺测量罐内液位、记录事故罐液位； 2. 打开罐顶放空阀门；打开事故罐进油阀门(开关阀门侧身操作，阀门开到位后回1/4~1/2圈)； 3. 倒通事故流程阀门，停外输泵、关闭出站阀门； 4. 口述：调节事故流程阀门开启度，控制分离缓冲罐液位在1/2~2/3之间； 5. 口述：根据罐内油温度投运伴热系统； 6. 口述：事故罐进油高度不得超过油罐上限	1. 测量液位； 2. 流程切换	1. 未测量事故罐内液位或测量方法不正确扣10分，未记录事故罐液位扣5分； 2. 未打开事故罐进油阀门终止操作，未打开罐顶放空阀门终止操作； 3. 开关阀门顺序错误扣20分，阀门开关不符合要求一处扣2分； 4. 未口述扣10分，少口述一项扣5分； 5. 未口述扣5分； 6. 未口述或不知道事故罐进油高度上限扣5分	30		

续表

序号	考核内容	操作规程	评分要素	评分标准	配分	扣分	得分
4	停用事故罐	1. 接本单位生产运行通知或站内生产回复正常后、进行事故罐停运操作； 2. 倒通站内正常生产流程，停止事故流程，启动外输泵，恢复正常生产流程； 3. 启动事故罐提升泵，将事故罐内液位降至最低液位； 4. 停事故提升泵，关事故罐出口阀门，用量油尺测量事故罐液位并记录； 5. 口述：事故罐停用后，根据罐内余油温度投运伴热系统	1. 回复生产流程； 2. 启动事故罐提升泵； 3. 停用事故罐	1. 未口述扣10分，少口述一项扣5分； 2. 未倒通站内正常生产流程，不会停止事故流程或不会启动外输泵，恢复正常生产流程，此项不得分； 3. 不会启提升泵将事故罐液位打至最低液位扣15分； 4. 不会停泵，关事故罐出口阀门此项不得分，未测量液位或用量油尺方法不正确扣10分； 5. 未口述扣5分	25		
5	填写报表，清理场地	清洁现场，收拾工具，做好相应记录	记录参数，填写数据	1. 字迹不清晰，一处扣2分； 2. 涂改一处扣5分； 3. 漏填、少填一处扣3分； 4. 未回收工具扣5分，少收一样扣1分，未清理现场扣5分	5		
6	安全文明操作	1. 遵守国家或企业有关安全规定； 2. 操作过程中严格遵守“四不伤害”原则	遵守国家或企业有关安全规定	1. 每违反一项规定，从总分中扣5分； 2. 因操作不当造成人身伤害，从总分中扣20分； 3. 严重违规、流程憋压，取消考核资格； 4. 不正确使用工具、用具，扣分项在安全文明操作项内扣除，一次扣2分，最多扣20分			
备注							
合　计					100		

考评员：　　　　核分员：　　　　年　月　日

二十八、螺杆式空气压缩机启停操作

1. 考核要求

（1）必须穿戴劳动保护用品。
（2）工具、量具、用具准备齐全，正确使用。
（3）操作规程符合安全文明操作。
（4）按规定完成操作项目，质量达到技术要求。
（5）操作完毕，做到“工完、料净、场地清”。

2. 准备要求

（1）设备准备：

序　号	名　称	规　格	数　量	备　注
1	压缩机	LU55-8G	1 台	

（2）材料准备：

序　号	名　称	规　格	数　量	备　注
1	大布		若干	
2	手套		若干	
3	报表		若干	
4	笔		1 支	

（3）工具、用具准备：

序　号	名　称	规　格	数　量	备　注
1	耳塞		1 副	
2	F 扳手		1 把	
3	验电笔		1 支	
4	绝缘手套		1 副	
5	标识牌	“运行”“停运”	2 块	

3. 操作程序说明

1）检查工具、用具、量具
（1）检查各工具、用具、量具的可用性，须符合本次操作使用要求。
（2）检查验电笔有合格证书、校验标签在有效期内，外观完好无破损、无受潮或进水。

(3) 检查绝缘手套外观完好、无老化、无漏气，有合格证书。

2) 空气压缩机启机前检查

(1) 检查工厂风储罐排污阀关闭，检查安全阀校验铭牌在有效期内，铅封是否完好，本体有无破损裂痕，根部阀全开。

(2) 检查压缩机润滑油油位是否正常(液位在 1/2~2/3 之间)。

(3) 检查压力表在有效期内，量程在 1/3~2/3 之间，铅封是否完好，表壳有无破损裂痕，刻度是否清晰，指针有无松动现象；现场、远传仪表工作正常。

(4) 检查空压机进风口滤网干净完整。

(5) 检查供电系统正常给控制柜供电。

(6) 检查 PLC 控制柜检查控制面板清晰、各控制显示数值正常、完好。

3) 启空压机操作

(1) 倒通空压机出口至工厂风储罐流程。

(2) 启动空压机进口风机。

(3) 按下启动按钮，启动空压机。

(4) 空压机启机后悬挂设备运行标识。

4) 启机后检查

(1) 观察机组运行情况。

(2) 检查机组是否有异响有振动，检查进口滤网。

(3) 检查机组各显示仪表是否正常，工厂风储罐压力保持在规定范围内。

(4) 检查机组 PLC 控制屏上是否有报警信息存在。

(5) 检查空压机润滑油液位是否在 1/3~2/3 之间。

5) 停机操作

(1) 按停止按钮，停压缩机。

(2) 停止空压机进口风机。

(3) 关闭电源开关。

(4) 关闭空压机出口阀门。

(5) 空压机停机后悬挂设备停运标识牌。

6) 清理现场，回收工具

清理现场，回收工具。

4. 考核规定说明

(1) 如发现操作过程中可能发生重大违章(如人身伤害、环境污染、设备损坏等)，将终止操作。

(2) 考核采用百分制，考核项目得分按鉴定比重进行折算。

(3) 考核方式说明：本项目为实际操作题，考核过程按评分标准及操作过程进行评分。

(4) 考评技能说明：本项目主要测试考生对仪表风系统中螺杆式空气压缩机启停技能掌握的熟练程度。

5. 考核时限

（1）准备工作：1min（不计入考核时间）。

（2）正式操作时间：12min。

（3）提前完成操作不加分，到时终止操作考核。

6. 评分记录表

螺杆式空气压缩机启停操作评分表

操作时间：12min　　考生：　　操作用时：

序号	考核内容	操作规程	评分要素	评分标准	配分	扣分	得分
1	准备	1. 穿戴好劳动保护用品； 2. 准备工具：绝缘手套、报表、笔、大布、手套、验电笔、耳塞、F扳手、标识牌	准备工具、量具、用具	1. 劳保穿戴不整齐扣5分； 2. 未准备工具扣10分，多、少一件扣2分； 3. 未检查验电笔扣5分，少检查一项扣2分； 4. 未检查绝缘手套扣5分；检查外观完好、无老化、无漏气、合格证书，少一项扣2分	10		
2	运行前检查	1. 控制柜供电；检查PLC控制面板清晰、各控制显示数值正常、完好； 2. 检查压缩机流程出口阀门的开关状态正常，流程无“跑、冒、滴、漏”现象；检查静电接地完好（无脱落，牢固，有检验合格证在校验期内），流程内四孔法兰静电跨接线完好； 3. 检查压缩机润滑油油位是否正常(液位在1/2~2/3之间)； 4. 检查压力表在有效期内，量程在1/3~2/3之间，铅封是否完好，表壳有无破损裂痕，刻度是否清晰，指针有无松动现象； 5. 检查工厂风储罐排污阀关闭，安全阀是否正常；检查安全阀校验铭牌是否在有效期内，铅封是否完好，本体有无破损裂痕；根部阀全开； 6. 检查远传仪表是否完好； 7. 检查压缩机进风通道完好；检查空压机进风口滤网干净完整	流程检查，设备检查	1. 未用试电笔确定控制柜是否漏电终止操作，未戴绝缘手套进行控制柜送电终止操作；未检查PLC控制面板扣20分，少一项内容扣2分； 2. 未检查空气压缩机流程出口阀门开关状态，一处扣10分；流程“跑、冒、滴、漏”，一处未检查扣10分；未检查静电接地扣10分，检查内容少一项扣3分；未检查四孔法兰静电跨接线，一处扣2分； 3. 未检查压缩机润滑油油位是否正常扣3分； 4. 未检查压力表一处扣5分，少检查一项扣2分； 5. 未检查工厂风储罐排污阀关闭扣20分；未检查安全阀扣10分，少检查一项扣2分； 6. 未检查远传仪表，一处扣5分； 7. 未检查检查压缩机进风通道扣5分；空压机进风口滤网扣5分	30		

续表

序号	考核内容	操作规程	评分要素	评分标准	配分	扣分	得分
3	启机操作	1. 启动压缩机进风口风机； 2. 将控制柜上的开关选择为单机运行； 3. 按下启动按钮，启动压缩机； 4. 运行正常后将控制柜上的开关选择为联机运行； 5. 根据生产需要设置压缩机排气压力； 6. 挂运行标识牌	根据操作步骤操作	1. 未启动此项不得分； 2. 未选择单机运行扣 10 分； 3. 未启动此项不得分； 4. 运行正常后未选择联机运行扣 10； 5. 不会设定压缩机排气压力扣 20 分； 6. 未挂标识牌扣 5 分	25		
4	启机后检查	1. 检查流程有无“跑、冒、滴、漏”现象；压缩机进口滤网干净完整； 2. 检查控制柜参数是否正常； 3. 工厂风储罐压力控制在规定范围内	检查	1. 未检查扣 5 分； 2. 未检查各项参数扣 5 分； 3. 不知道工厂风储罐压力范围扣 10 分	10		
5	停机操作	1. 按停止按钮、停运压缩机进风口风机； 2. 按停止按钮、压缩机停止运转； 3. 关闭空压机出口阀门； 4. 切断电源	按操作步骤停运	1. 未停风机扣 10 分； 2. 压缩机未停止运转关出口阀门扣 15 分； 3. 未关出口阀门扣 5 分； 4. 未切断电源扣 10 分	20		
6	清理现场，回收工具	1. 清理现场，回收工具； 2. 记录参数：机体温度、压力、启停机时间	清理现场，回收工具	1. 未清理现场扣 5 分，工具少回收一件扣 1 分； 2. 不记录参数一处扣 2 分	5		
7	安全文明操作	1. 遵守国家或企业有关安全规定； 2. 操作过程中严格遵守“四不伤害”原则	遵守国家或企业有关安全规定	1. 每违反一项规定，从总分中扣 5 分； 2. 严重违规取消考核； 3. 因操作不当造成人身伤害，从总分中扣 20 分； 4. 不正确使用工具、用具，扣分项在安全文明操作项内扣除，一次扣 2 分，最多扣 20 分			
备注							
合计					100		

考评员： 核分员： 年 月 日

二十九、无热再生空气干燥机启停操作

1. 考核要求

(1) 必须穿戴劳动保护用品。
(2) 工具、用具准备齐全，正确使用。
(3) 操作规程符合安全文明操作。
(4) 按规定完成操作项目，质量达到技术要求。
(5) 操作完毕，做到“工完、料净、场地清”。

2. 准备要求

(1) 设备准备：

序　号	名　称	规　格	数　量	备　注
1	干燥机		1组	

(2) 材料准备：

序　号	名　称	规　格	数　量	备　注
1	大布		若干	
2	手套		若干	
3	笔		1支	
4	记录表		若干	

(3) 工具、用具准备：

序　号	名　称	规　格	数　量	备　注
1	耳塞		1副	
2	F扳手		1把	
3	验电笔		1支	
4	绝缘手套		1副	
5	标识牌	“运行”“停运”	2块	

3. 操作程序说明

1) 检查工具、用具、量具
(1) 检查各工具、用具、量具的可用性，须符合本次操作使用要求。
(2) 检查验电笔有合格证书、校验标签在有效期内，外观完好无破损、无受潮或进水。
(3) 检查绝缘手套外观完好、无老化、无漏气，有合格证书。

2）启机前检查

（1）检查供电系统，给控制柜供电；检查 PLC 控制柜检查控制面板清晰、各控制显示数值正常、完好。

（2）检查仪表风储罐排污阀关闭，检查安全阀校验铭牌在有效期内，铅封是否完好，本体有无破损裂痕，根部阀全开。

（3）检查压力表在有效期内，量程在 1/3～2/3 之间，铅封是否完好，表壳有无破损裂痕，刻度是否清晰，指针有无松动现象；现场、远传仪表工作正常。

（4）检查干燥机前后过滤器完好、排尽过滤器内液体；检查消声器完好。

（5）检查电磁阀是否正常；检查静电接地、法兰跨接线完好。

（6）检查工厂风储罐压力是否符合启机要求。

（7）倒通工厂风储罐—干燥塔—仪表风储罐流程。

3）启机操作

（1）按下启动按钮启机。

（2）悬挂设备运行标识牌。

4）启机后检查

（1）观察机组运行情况。

（2）检查机组是否有异响有振动；检查过滤器有无液体。

（3）检查机组各显示仪表是否正常，工厂风储罐和仪表风储罐压力保持在规定范围内。

（4）检查机组 PLC 控制屏上各项参数是否正常。

5）停机操作

（1）按停止按钮，停干燥塔。

（2）关闭电源开关。

（3）关闭干燥塔进出口阀门。

（4）悬挂设备停运标识牌。

6）清理现场，回收工具。

清理现场，回收工具。

4. 考核规定说明

（1）如发现操作过程中可能发生重大违章（如人身伤害、环境污染、设备损坏等），将终止操作。

（2）考核采用百分制，考核项目得分按鉴定比重进行折算。

（3）考核方式说明：本项目为实际操作题，考核过程按评分标准及操作过程进行评分。

（4）考评技能说明：本项目主要测试考生对仪表风系统中的无热再生空气干燥机启停技能掌握的熟练程度。

5. 考核时限

（1）准备工作：1min（不计入考核时间）。

（2）正式操作时间：10min。

（3）提前完成操作不加分，到时终止操作考核。

6. 评分记录表

无热再生空气干燥机启停操作评分表

操作时间：10min　　　　考生：　　　　操作用时：

序号	考核内容	操作规程	评分要素	评分标准	配分	扣分	得分
1	准备	1. 穿戴好劳动保护用品； 2. 准备工具：绝缘手套、记录表、笔、大布、手套、验电笔、耳塞、F 扳手、标识牌	准备工具、量具、用具	1. 劳保穿戴不整齐扣 5 分； 2. 未准备工具扣 10 分，多、少一件扣 2 分； 3. 未检查验电笔扣 5 分，少检查一项扣 2 分； 4. 未检查绝缘手套扣 5 分；检查外观完好、无老化、无漏气、合格证书，少一项扣 2 分	10		
2	运行前检查	1. 控制柜供电；检查 PLC 控制面板清晰、各控制显示数值正常、完好； 2. 检查流程进出口阀门的开关状态正常，流程无“跑、冒、滴、漏”现象；检查各连接螺栓是否紧固，静电接地完好(无脱落，牢固，有检验合格证在校验期内)，流程内四孔法兰静电跨接线完好； 3. 检查压力表在有效期内，量程在 1/3 ~ 2/3 之间，铅封是否完好，表壳有无破损裂痕，刻度是否清晰，指针有无松动现象； 4. 检查仪表风储罐排污阀关闭，安全阀是否正常；检查安全阀校验铭牌是否在有效期内，铅封是否完好，本体有无破损裂痕；根部阀全开； 5. 检查远传仪表是否完好； 6. 检查进出口过滤器、消声器、电磁阀完好； 7. 倒通流程	流程检查，设备检查	1. 未用试电笔确定控制柜是否漏电终止操作，未戴绝缘手套进行控制柜送电终止操作；未检查 PLC 控制面板扣 20 分，少一项内容扣 2 分； 2. 未检查流程进出口阀门开关状态，一处扣 10 分；流程“跑、冒、滴、漏”一处未检查扣 10 分；未检查连接部位螺栓、静电接地扣 10 分，检查内容少一项扣 3 分；未检查四孔法兰静电跨接线，一处扣 2 分； 3. 未检查压力表一处扣 5 分；少检查一项扣 2 分； 4. 未检查工厂风储罐排污阀关闭扣 20 分，未检查安全阀扣 10 分，少检查一项扣 2 分； 5. 未检查远传仪表一处扣 5 分； 6. 未检查进出口过滤器、消声器、电磁阀，一处扣 5 分； 7. 未倒通流程此项不得分	25		
3	启机操作	1. 开启干燥机的控制电源； 2. 将控制柜上的开关选择为单机运行； 3. 按下启动按钮； 4. 在干燥机正常运行三个周期后缓慢开启空气出口阀； 5. 将控制柜上的开关选择为联机运行； 6. 悬挂设备运行标识牌	按操作步骤操作	1. 未开启电源，此项不得分； 2. 未选择单机运行扣 10 分； 3. 未启动此项不得分； 4. 按要求缓慢开启空气出口阀扣 10 分； 5. 不会选择扣 10 分； 6. 未挂标识牌扣 5 分	30		

续表

序号	考核内容	操作规程	评分要素	评分标准	配分	扣分	得分
4	启机后检查	1. 检查流程有无“跑、冒、滴、漏”现象；检查进出口过滤器有无液体；检查消声器工作是否正常； 2. 检查控制柜参数是否正常； 3. 仪表风储罐压力控制在规定范围内	检查	1. 未检查扣5分； 2. 未检查各项参数扣5分； 3. 不知道仪表风储罐压力范围扣10分	10		
5	停机操作	1. 按下控制面板上的停止按钮，干燥机停止运行； 2. 开启干燥机旁通，关闭干燥机进出口阀； 3. 缓慢开启干燥机卸压阀，干燥机压力指示为零后关闭卸压阀； 4. 停机后悬挂停运标识牌	按操作步骤停运	1. 不会停止此项不得分； 2. 不会操作或操作顺序错，此项不得分； 3. 不会操作扣10分； 4. 未挂标识牌扣5分	20		
6	清理现场，回收工具	1. 清理现场，回收工具； 2. 记录参数	清理现场，回收工具	1. 未清理现场扣5分；工具少回收一件扣1分； 2. 不记录参数扣2分	5		
7	安全文明操作	1. 遵守国家或企业有关安全规定； 2. 操作过程中严格遵守“四不伤害”原则	遵守国家或企业有关安全规定	1. 每违反一项规定，从总分中扣5分； 2. 严重违规取消考核； 3. 因操作不当造成人身伤害，从总分中扣20分； 4. 不正确使用工具、用具，扣分项在安全文明操作项内扣除，一次扣2分，最多扣20分			
备注							
合计					100		

考评员：　　　　核分员：　　　　年　月　日

三十、相变加热炉启停操作

1. 考核要求

（1）必须穿戴劳动保护用品。

（2）工具、用具准备齐全，正确使用。

（3）操作规程符合安全文明操作。

（4）按规定完成操作项目，质量达到技术要求。

（5）操作完毕，做到“工完、料净、场地清”。

2. 准备要求

（1）设备准备：

序　号	名　称	规　格	数　量	备　注
1	相变加热炉		1 台	

（2）材料准备：

序　号	名　称	规　格	数　量	备　注
1	大布		若干	
2	手套		若干	
3	记录表		1 张	
4	笔		1 支	

（3）工具、用具准备：

序　号	名　称	规　格	数　量	备　注
1	绝缘手套		1 副	
2	验电笔		1 支	
3	F 扳手	500mm	1 把	
4	四合一气体检测仪		1 台	
5	正压式呼吸器		1 套	

3. 操作程序说明

1）检查工具、用具

（1）检查各工具、用具的可用性，须符合本次操作使用要求。

（2）检查四合一检测仪有无合格证、校验标签是否在有效期内，是否符合安全要求。

（3）按正压式空气呼吸器检查标准检查。

（4）检查验电笔有合格证书、校验标签在有效期内，外观完好无破损、无受潮或进水。

（5）检查绝缘手套外观完好、无老化、无漏气，有合格证书。

2）加热炉启动前检查

（1）检查加热炉本体及连接管线无“跑、冒、滴、漏”现象。

（2）检查加热炉本体静电接地合格。

（3）检查加热炉安全阀校验铭牌在有效期内，铅封是否完好，本体无破损裂痕，根部阀全开。

（4）检查压力表、温度计在有效期内，符合使用要求。

（5）检查加热炉液位计的液位在 1/2～2/3 之间，与远处液位显示一致，排污阀完好；口述在冬季生产时，排空加热炉液位计内的液体或进行保温。

（6）检查供气管线、阀门、各连接部位连接情况，供气压力各部连接紧固，无渗漏，供气压力正常，满足生产。

（7）切改加热流程并检查各连接阀门状态是否正常。

3）加热炉启动操作

（1）设定加热炉的启炉及停炉温度在合理范围内(技术要求：①若冷炉启动，温炉时温升不大于 5℃/h 且不少于 24h；②达到使用条件的加热炉，设定温度不应高于被加热介质 20℃)。

（2）点动控制柜按钮，启动加热炉。

4）运行中检查

（1）检查加热炉本体及连接管线有无“跑、冒、滴、漏”现象。

（2）检查加热炉压力、温度是否在设定范围内，炉膛排烟温度正常。

（3）检查加热炉运行液位符合要求。

（4）检查被加热介质进出加热炉压力、温度是否正常。

（5）检查燃烧器工作状态是否正常，大、小火自动转换，燃烧器自动启停，运行平稳无异响。

5）停炉操作

（1）下调加热炉设定温度(停炉时温降不大于 10℃/h 且停炉过程不少于 12h)。

（2）待加热炉炉体压力落零，炉膛温度低于 100℃时，停止燃烧器运行。

（3）保持被加热介质通过相变盘管，待加热炉温度将至 80℃以下时，导出被加热介质，停用加热炉。

（4）若长时间停炉，须将炉体内软化水排空。

4. 考核规定说明

（1）如发现操作过程中可能发生重大违章(如人身伤害、环境污染、设备损坏等)，将取消操作。

（2）采用百分制，考核项目得分按鉴定比重进行折算。

（3）考核方式说明：本项目为实际操作题，考核过程按评分标准及操作过程进行评分。

（4）考评技能说明：本项目主要测试考生对相变加热炉启停技能掌握的熟练程度。

5. 考核时限

（1）准备工作：1min（不计入考核时间）。
（2）正式操作时间：20min。
（3）提前完成操作不加分，到时终止操作考核。

6. 评分记录表

相变加热炉启停操作评分表

操作时间：20min　考生：　操作用时：

序号	考核内容	操作规程	评分要素	评分标准	配分	扣分	得分
1	准备	1. 穿戴好劳动保护用品； 2. 准备工具：绝缘手套、报表、笔、大布、手套、硫化氢检测仪、正压式呼吸器、验电笔	工具、用具准备	1. 工具、用具少一件，扣2分； 2. 未检查硫化氢检测仪扣5分，少检查一项扣2分； 3. 未检查正压式呼吸器扣5分，少检查一项扣2分； 4. 未检查验电笔扣5分，少检查一项扣2分； 5. 未检查绝缘手套扣5分；检查外观完好、无老化、无漏气、合格证书，少一项扣2分	10		
2	相变加热炉启动前检查	1. 检查加热炉本体及连接管线无“跑、冒、滴、漏”现象； 2. 检查加热炉本体静电接地合格； 3. 检查加热炉安全阀校验铭牌在有效期内，铅封是否完好，本体无破损裂痕，根部阀全开； 4. 检查压力表、温度计在有效期内，符合使用要求； 5. 检查加热炉液位计的液位在1/2~2/3之间，与远处液位显示一致，排污阀完好；口述在冬季生产时，排空加热炉液位计内的液体或进行保温； 6. 检查供气管线、阀门、各连接部位连接情况，和供气压力各部连接紧固，无渗漏，供气压力正常，满足生产； 7. 切改加热流程并检查各连接阀门状态是否正常	加热炉安全附件及连接管线检查	1. 未检查加热炉本体扣10分，未检查连接管线扣5分； 2. 未检查加热炉本体静电接地扣5分； 3. 未检查安全阀扣10分； 4. 未检查压力表、温度计、液位计，一处扣2分； 5. 未检查液位扣10分，未检查排污阀扣5分； 6. 未检查供气管线压力及密封情况扣10分，漏查一处扣2分； 7. 未进行流程切改扣20分	35		

续表

序号	考核内容	操作规程	评分要素	评分标准	配分	扣分	得分
3	启炉操作	1. 设定加热炉的启炉及停炉温度在合理范围内（技术要求：①若冷炉启动，温炉时温升不大于5℃/h且不少于24h；②达到使用条件的加热炉，设定温度不应高于被加热介质20℃）； 2. 点动控制柜按钮，启动加热炉	启动加热炉	1. 设定加热炉的启炉及停炉温度错误扣10分； 2. 不会对加热炉进行参数设置，本项不得分； 3. 未启动加热炉本项不得分	20		
4	运行中检查	1. 检查加热炉本体及连接管线有无“跑、冒、滴、漏”现象； 2. 检查加热炉压力、温度是否在设定范围内，炉膛排烟温度正常； 3. 检查加热炉运行液位符合要求； 4. 检查被加热介质进出加热炉压力、温度是否正常； 5. 检查燃烧器工作状态是否正常，大、小火自动转换，燃烧器自动启停，运行平稳无异响	检查加热炉运行状态	1. 未检查加热炉本体及管线“跑、冒、滴、漏”扣5分； 2. 未检查加热炉压力、温度，炉膛排烟温度，一处扣5分； 3. 未检查加热炉运行液位扣5分； 4. 未检查被加热介质进出加热炉压力、温度，一处扣5分； 5. 未检查燃烧器工作状态，大、小火自动转换，燃烧器自动启停，运行平稳无异响等扣5分	15		
5	停炉操作	1. 下调加热炉设定温度（停炉时温降不大于10℃/h且停炉过程不少于12h）； 2. 待加热炉炉体压力落零，炉膛温度低于100℃时，停止燃烧器运行； 3. 保持被加热介质通过相变盘管，待加热炉温度将至80℃以下时，导出被加热介质，停用加热炉； 4. 若长时间停炉，须将炉体内软化水排空	按操作步骤停炉	1. 未降炉温扣10分； 2. 停炉未按要求执行扣10分； 3. 未口述：若长时间停炉，须将炉体内软化水排空扣5分	15		
6	清理场地	1. 清理现场； 2. 回收工具		未清理现场扣5分，工具少收一件扣2分	5		

续表

序号	考核内容	操作规程	评分要素	评分标准	配分	扣分	得分
7	安全文明操作	1. 遵守国家或企业有关安全规定； 2. 操作过程中严格遵守“四不伤害”原则	遵守国家或企业有关安全规定	1. 每违反一项规定，从总分中扣5分； 2. 严重违规取消考核； 3. 不检查脱硫塔液位、安全阀终止操作； 4. 因操作不当造成人身伤害，从总分中扣20分； 5. 不正确使用工具、用具，扣分项在安全文明操作项内扣除，一次扣2分，最多扣20分			
备注							
合　计					100		

考评员：　　　　　　　　　　　　核分员：　　　　　　　　　　　　年　月　日

三十一、污水沉降罐投停运操作

1. 考核要求

(1) 必须穿戴劳动保护用品。
(2) 工具、用具准备齐全，正确使用。
(3) 操作规程符合安全文明操作。
(4) 按规定完成操作项目，质量达到技术要求。
(5) 操作完毕，做到“工完、料净、场地清”。

2. 准备要求

(1) 设备准备：

序 号	名 称	规 格	数 量	备 注
1	污水沉降罐		1座	

(2) 材料准备：

序 号	名 称	规 格	数 量	备 注
1	大布		若干	
2	手套		若干	
3	笔		1支	
4	报表		若干	

(3) 工具、用具准备：

序 号	名 称	规 格	数 量	备 注
1	硫化氢检测仪		1台	
2	正压式呼吸器		1套	硫化氢井(站)
3	对讲机		1部	
4	F扳手		1把	
5	量油尺	15~25m	1把	分度值1mm

3. 操作程序说明

1) 检查工具、用具、量具
(1) 检查各工具、用具的可用性，须符合本次操作使用要求。

（2）检查硫化氢检测仪有无合格证、校验标签是否在有效期内，是否符合安全要求。

（3）按正压式空气呼吸器检查标准检查。

（4）检查量油尺有无合格证、是否符合安全要求、校验标签是否在有效期内、尺身无折扭刻度是否清晰，铜锤刻度是否清晰无划痕。

2）投运前检查

（1）检查沉降罐当前液位，确认空高正确调度，选择好最佳工艺。

（2）检查沉降罐进出口阀门、收油阀门、和排污、收油等阀门开关状态，处于备用。

（3）检查液位计应灵活、好用，导向轮固定良好，钢丝绳在绳槽内，标尺指示清晰。

（4）检查罐顶各呼吸阀、液压安全阀、阻火器及检尺孔应完好、无损，灵活好用。检查液压安全阀的油位高度是否保持在标尺刻度范围内。

3）投运操作

（1）导通流程，缓慢打开进口阀门，注意控制进罐初速，避免管内液体冲击罐体，听见进液声音正常后缓慢加大阀门开度，沉降罐转入正常进液状态。

（2）进液过程中，随时观察液位计，其液位高度不得超过沉降罐的安全高度。

（3）进油过程中要随时检查与沉降罐连接的所有法兰、人孔、阀门等有无渗漏。

（4）根据进液量大小，及时检查、计量，做好记录。

（5）上罐检查正常进液情况下液压安全阀及呼吸阀是否正常工作。

（6）打开沉降罐出口阀门，做好启污水泵准备。

（7）控制好沉降罐进出液量，液位尽可能在恒定液面下工作。

（8）记录沉降罐投用时间、液位及进出口流量等参数。

4）停运操作

（1）关闭沉降罐的进口阀门。

（2）用泵将罐内液位抽到最低液位，检尺计量后关闭出口阀门。

（3）如短期停运冬季保证伴热。

（4）如长期停运，应清理罐内余液，关闭沉降罐所有进出口阀门。

4. 考核规定说明

（1）如发现操作过程中可能发生重大违章（如人身伤害、环境污染、设备损坏等），将终止操作。

（2）考核采用百分制，考核项目得分按鉴定比重进行折算。

（3）考核方式说明：本项目为实际操作题，考核过程按评分标准及操作过程进行评分。

（4）测量技能说明：本项目主要测试考生对污水沉降罐投停运操作掌握的熟练程度。

5. 考核时限

（1）准备工作：1min（不计入考核时间）。

（2）正式操作：25min。

（3）提前完成操作不加分，到时终止操作考核。

6. 评分记录表

污水沉降罐投(停)运操作评分记录表

操作时间：25min　　　　考生：　　　　操作用时：

序号	考核内容	操作规程	评分要素	评分标准	配分	扣分	得分
1	准备及检查	对讲机、硫化氢检测仪、正压式呼吸器、手套、大布、笔、报表、F扳手、量油尺	工具、用具准备	1. 未准备工具、用具扣10分，多、少一件扣2分； 2. 未检查硫化氢检测仪扣10分，少检查一项扣2分； 3. 未检查正压式呼吸器扣10分，少检查一项扣2分； 4. 未检查量油尺扣5分，少检查一项扣2分	15		
2	投运前检查	1. 检查沉降罐当前液位，确认空高正确调度，选择好最佳工艺； 2. 检查沉降罐进出口阀门、收油阀门、和排污、收油等阀门开关状态，处于备用； 3. 检查液位计应灵活、好用，导向轮固定良好，钢丝绳在绳槽内，标尺指示清晰； 4. 检查罐顶各呼吸阀、液压安全阀、阻火器及检尺孔应完好、无损，灵活好用；检查液压安全阀的油位高度在标尺刻度范围内	1. 罐内余液情况； 2. 沉降罐工艺附件检查； 3. 沉降罐安全附件检查	1. 未检查罐内余液扣10分； 2. 未检查工艺附件扣20分，少检查一项扣5分； 3. 未检查液位计扣10分，少检查一项扣2分； 4. 未检查罐顶安全附件扣20分，少检查一项扣5分	25		
3	投运操作	1. 倒通流程，缓慢打开进口阀门，注意控制进罐初速，避免管内液体冲击罐体，听见进液声音正常后缓慢加大阀门开度，沉降罐转入正常进液状态； 2. 根据液位高度打开沉降罐出口阀门； 3. 随时观察液位计，其液位高度不得超过沉降罐的安全高度； 4. 检查所有法兰、人孔、阀门等有无渗漏； 5. 根据进液量大小，及时检查、计量，做好记录； 6. 检查液压安全阀及呼吸阀； 7. 记录沉降罐投用时间、液位及进出口流量等参数	1. 进液控制； 2. 进液后检查； 3. 调整进出平衡； 4. 记录参数	1. 未打开进口阀门此项不得分，进口阀未按要求缓慢开启扣5分； 2. 未打开出口阀门此项不得分，未按要求打开出口阀门扣5分； 3. 未观察沉降罐液位变化扣3分； 4. 进液后未观察法兰、人孔、阀门的渗漏情况，一个扣2分； 5. 未检查进液后安全附件工作情况，一个扣3分； 6. 未开启沉降罐出口阀门调整进出平衡扣5分； 7. 未记录扣5分，少一项扣2分	20		

续表

序号	考核内容	操作规程	评分要素	评分标准	配分	扣分	得分
4	停运操作	1. 关闭沉降罐的进口阀门； 2. 用泵将罐内液位抽到最低液位，检尺计量后关闭出口阀门； 3. 如短期停运冬季保证伴热； 4. 如长期停运，应清理罐内余液，关闭沉降罐所有阀门	1. 沉降罐停运； 2. 依据停用时间采取相应措施	1. 未关闭沉降罐进口或出口阀门，此项不得分； 2. 未控制停用液位扣 5 分，未按要求关闭出口阀门扣 10 分； 3. 未检尺扣 5 分； 4. 未依据停用时间采取相应措施扣 5 分	35		
5	清理场地	1. 清理现场； 2. 回收工具	清理场地，回收工具	未清理现场扣 5 分，工具少收或少清洁一件扣 2 分	5		
6	安全文明操作	1. 遵守国家或企业有关安全规定； 2. 操作过程中严格遵守“四不伤害”原则	遵守国家或企业有关安全规定	1. 每违反一项规定，从总分中扣 5 分； 2. 因操作不当造成人身伤害，从总分中扣 20 分； 3. 严重违规、流程憋压，取消考核资格； 4. 不正确使用工具、用具，扣分项在安全文明操作项内扣除，一次扣 2 分，最多扣 20 分			
备注							
合计					100		

考评员： 核分员： 年 月 日

三十二、污水沉降罐收泥操作

1. 考核要求

(1) 必须穿戴劳动保护用品。
(2) 工具、量具、用具准备齐全，正确使用。
(3) 操作规程符合安全文明操作。
(4) 按规定完成操作项目，质量达到技术要求。
(5) 操作完毕，做到“工完、料净、场地清”。

2. 准备要求

(1) 设备准备：

序 号	名 称	规 格	数 量	备 注
1	污水沉降罐		1座	

(2) 材料准备：

序 号	名 称	规 格	数 量	备 注
1	大布		若干	
2	手套		若干	
3	笔		1支	
4	记录表		若干	

(3) 工具、用具准备：

序 号	名 称	规 格	数 量	备 注
1	硫化氢检测仪		1台	
2	正压式呼吸器		1套	
3	对讲机		1部	
4	F扳手		1把	

3. 操作程序说明

1) 检查工具、用具、量具
(1) 检查各工具、用具的可用性，须符合本次操作使用要求。

（2）检查硫化氢检测仪有无合格证、校验标签是否在有效期内，是否符合安全要求。

（3）按正压式空气呼吸器检查标准检查。

2）收泥前检查

（1）检查污泥池液位，确认能满足沉降罐排泥量需求。

（2）检查沉降罐刮吸泥机传动轴盘根密封不渗不漏，链条松紧合适，减速机润滑油位合格，润滑油质合格，电机接地线完好，排泥管线出罐闸阀全部打开。

（3）检查刮吸泥机控制柜操作面盘上所有旋钮开关必须置于“关”位置(即断开的状态)，选择“手动”操作时，才使用这些旋钮开关。手动操作时，刮吸泥机工作方式选择“停”；自动操作时，刮吸泥机工作方式选择为“单罐自动”，检查电源指示灯、“单罐自动”指示灯亮，供电正常。目前运行模式为手动操作，工作方式选择“停”。

（4）投产前联系相关岗位，避免因排泥造成沉降罐液位降低，而影响正常生产。

3）收泥操作

（1）进提升泵配电室内混凝沉降罐刮泥机控制柜，“蝶阀”旋钮转至“开”，显示屏显示“蝶阀开”，然后“电机”旋钮转至“开”，刮泥机正常运行。

（2）缓慢打开排泥管线手动闸阀(根据实际情况控制阀门开度)，注意控制出液速度，防止液体冲击管线及电动蝶阀。

（3）排泥过程中，随时检查与排泥管线连接处所有法兰、人孔、阀门有无渗漏。

（4）随时检查污泥池液位，随时调整液量大小，及时检查，计量，做好记录。

（5）控制好沉降罐排泥是液量，尽量控制在污泥池的合理液位以内完成刮泥工作。

（6）记录刮泥机投用时间(每圈 21min)等参数。

4）停运收泥操作

（1）刮泥机控制柜“电机”旋钮，旋转至“关”，“蝶阀”旋钮旋转至“关”，关闭手动排泥闸阀。

（2）切换排泥扫线流程，扫至清水在污泥池涌出，关闭扫线阀门。

（3）检查污泥池液位，5min 内重复检查污泥池液位两次，防止阀门内漏造成冒池，通知相关岗位，记录排泥时间，污泥沉降后进行压泥处理。

4. 考核规定说明

（1）如发现操作过程中可能发生重大违章(如人身伤害、环境污染、设备损坏等)，将终止操作。

（2）考核采用百分制，考核项目得分按鉴定比重进行折算。

（3）考核方式说明：本项目为实际操作题，考核过程按评分标准及操作过程进行评分。

（4）测量技能说明：本项目主要测试考生对沉降罐收泥、排泥流程掌握的熟练程度。

5. 考核时限

（1）准备工作：1min(不计入考核时间)。

（2）正式操作：25min(2000m^3 以上的罐根据实际情况延长)。

（3）提前完成操作不加分，到时终止操作考核。

6. 评分记录表

污水沉降罐收泥操作评分记录表

操作时间：25min　　考生：　　操作用时：

序号	考核内容	操作规程	评分要素	评分标准	配分	扣分	得分
1	准备及检查	对讲机、硫化氢检测仪、正压式呼吸器、手套、大布、笔、记录表、F扳手	工具、用具准备	1. 未准备工具扣10分，多、少一件扣2分； 2. 未检查硫化氢检测仪扣10分，少检查一项扣2分； 3. 未检查正压式呼吸器扣10分，少检查一项扣2分	15		
2	收泥前检查	1. 检查污泥池当前液位，确认空高正确调度，选择好最佳工艺； 2. 检查沉降罐进出口阀门、收油阀门和排污、收油等阀门开关状态，处于备用； 3. 检查刮泥机电机链条等设备部件是否正常； 4. 检查控制柜各开关是否处于正常位置	1. 污水罐检查； 2. 流程检查	1. 未检查污泥池内余液扣20分； 2. 未检查污水罐流程此项不得分，少检查一项扣5分； 3. 未检查刮泥机扣20分，少检查一项扣5分； 4. 未检查控制柜各按钮状态扣10分，少检查一项扣3分	30		
3	收泥操作	1. 进提升泵配电室内混凝沉降罐刮泥机控制柜，“蝶阀”旋钮转至“开”，显示屏显示“蝶阀开”，然后“电机”旋钮转至“开”，刮泥机正常运行； 2. 导通流程，缓慢打开排泥手动阀门，注意控制出液速度，避免管内液体冲击蝶阀，听见进液声音正常后缓慢加大阀门开度； 3. 随时观察污泥池液位计，其液位高度不得超过污泥池的安全高度； 4. 检查所有法兰、人孔、阀门等有无渗漏； 5. 根据进液量大小，及时检查、计量，做好记录； 6. 检查刮吸泥机电机工作状态； 7. 记录刮泥机投用时间等参数	1. 进液控制； 2. 进液后检查； 3. 调整进出平衡； 4. 记录参数	1. 未起机打开排泥阀扣20分； 2. 排泥阀未按要求缓慢开启扣5分； 3. 未观察污泥池液位变化扣10分； 4. 进液后未观察法兰、人孔、阀门的渗漏情况，一处扣5分； 5. 未检查电机，减速机等部件工作状态扣10分； 6. 未根据污泥池液位调整手动排泥闸阀扣10分； 7. 未记录扣5分	30		

续表

序号	考核内容	操作规程	评分要素	评分标准	配分	扣分	得分
4	停运收泥操作	1. 停运刮泥机； 2. 关闭沉降罐的排泥阀门； 3. 关闭刮泥机电机蝶阀等； 4. 收泥完成后进行扫线； 5. 复查流程关闭情况及污泥池液位	1. 停机、切换流程； 2. 扫线； 3. 复查	1. 未停机关闭排泥阀，此项不得分； 2. 未关闭沉降罐排泥闸阀，此项不得分； 3. 未关闭电动蝶阀扣5分； 4. 未扫线扣10分； 5. 未复查此项流程及污泥池液位扣5分	20		
5	清理场地	1. 清理现场； 2. 回收工具		未清理现场扣5分，工具少收或少清洁一件扣2分	5		
6	安全文明操作	1. 遵守国家或企业有关安全规定； 2. 操作过程中严格遵守“四不伤害”原则	遵守国家或企业有关安全规定	1. 每违反一项规定，从总分中扣5分； 2. 因操作不当造成人身伤害，从总分中扣20分； 3. 严重违规、流程憋压，取消考核资格； 4. 不正确使用工具、用具，扣分项在安全文明操作项内扣除，一次扣2分，最多扣20分			
备注							
合计					100		

考评员：　　　　　　　　核分员：　　　　　　　　年　月　日

三十三、压滤机上卸泥操作

1. 考核要求

(1) 必须穿戴劳动保护用品。
(2) 工具、用具、安全设备准备齐全，正确使用。
(3) 操作规程符合安全文明操作。
(4) 按规定完成操作项目，质量达到技术要求。
(5) 操作完毕，做到“工完、料净、场地清”。

2. 准备要求

(1) 设备准备：

序 号	名 称	规 格	数 量	备 注
1	板框压滤机		1台	

(2) 材料准备：

序 号	名 称	规 格	数 量	备 注
1	手套		1副	
2	笔		1支	
3	报表		1张	
4	大布		若干	

(3) 工具、用具准备：

序 号	名 称	规 格	数 量	备 注
1	F扳手		1把	
2	开口扳手		1套	
3	绝缘手套		1副	
4	验电笔		1支	

(4) 气防设施：

序 号	名 称	规 格	数 量	备 注
1	硫化氢检测仪		1台	
2	正压式空气呼吸器		1套	

3. 操作程序说明

1）投运前的检查

（1）检查压滤机配电系统正常，仪器仪表在有效检定周期内。

（2）检查流程畅通，管线阀门及各附件齐全完好。

（3）检查污泥提升泵减速箱润滑油质符合要求，加注量至油室观察窗 1/2～2/3，机械密封完好。

（4）检查压滤机液压站液压油在规定范围内，滤布及滤板完好无破损，配套设施灵活好用。

2）压泥操作

（1）戴绝缘手套合上闸刀，电源指示灯亮；按“启动”按钮，启动液压油泵。

（2）打开压滤机控制面板，按键选择“自动保压”，滤板压紧压力在 20MPa（15～20MPa），液压油泵自动停止保压，保压灯（绿色）开启。

（3）打开排泥泵出口阀门，打开压滤机的出口阀门。

（4）戴绝缘手套合闸，开关拨到自动挡位，按启动按钮，启动污泥提升泵，压力达到 0.8MPa 左右，频率由高频自动转入低频，观察不再发现变化为正常。

（5）观察压滤机明流放水阀情况，至不出水为止，再压 2～3h，如果压力、变频数、明流放水情况都不再变化，停止污泥提升泵。

（6）运行正常后对泵和压滤机进行一次全面检查，检查泵的上泥情况，机械密封漏失情况，冷却油温度，电机温度，刮泥机的运行，压滤机的漏水情况。

3）运行中的检查

（1）运行中注意电流、电压、泵压、压滤机油压及渗水情况。

（2）注意检查刮泥机的电机温度，减速箱的油温。

（3）注意观察压滤机压板压力低于 20MPa 时，及时调整。

4）卸泥操作

（1）以下三种情况下说明压滤机内泥已经成型，可以停运。

① 泵运行速度减慢、泵压达到 0.8MPa 左右，转速指示仪表低于 7Hz。

② 泵自动停止。

③ 压滤机回收水管水量变小。

（2）压滤机压泥成型后，停污泥提升泵，停刮泥机，压滤机稳压 3～4h，可以打开拉板将泥卸下。

（3）卸泥过程中可以手动，也可以半自动。

5）注意事项

（1）压滤机压板在压紧的过程中滤布不能有褶皱防止漏水，各压板进水孔必须对正。

（2）压滤机进口压力不能超过 0.8MPa，若超过会造成压板漏水严重，及时关小压滤机进口阀门，使变频柜自动转换到低频状态。

（3）压滤机运行为自动保压，压滤机保压油管压力很高（最高位 20MPa），需注意安全，启动后在压滤机侧面距压滤机≥1.5m处进行观察。

（4）长期停运应对污泥提升系统进行扫线，防止污泥沉淀堵塞。

（5）若泥不易落下，须暂停，在泥斗上方用工具取下。

4. 考核规定说明

（1）如发现操作过程中可能发生重大违章（如人身伤害、环境污染、设备损坏等），将终止操作。

（2）考核采用百分制，考核项目得分按鉴定比重进行折算。

（3）考核方式说明：本项目为实际操作题，考核过程按评分标准及操作过程进行评分。

（4）考评技能说明：本项目主要测试考生对压滤机上卸泥技能掌握的熟练程度。

5. 考核时限

（1）准备工作：1min（不计入考核时间）。

（2）正式操作时间：20min。

（3）提前完成操作不加分，到时停止操作考核。

6. 评分记录表

压滤机上卸泥操作评分记录表

操作时间：20min 考生： 操作用时：

序号	考核内容	操作规程	评分要素	评分标准	配分	扣分	得分
1	准备	1. 穿戴好劳动保护用品； 2. 准备工具：手套、笔、记录表、大布、F扳手、开口扳手、绝缘手套、验电笔，硫化氢检测仪、正压式呼吸器	准备好工具、用具	1. 劳保穿戴不整齐扣5分； 2. 未准备硫化氢检测仪及佩戴正压呼吸器终止操作； 3. 未准备工具及材料扣5分，少准备一件扣2分； 4. 未检查验电笔扣5分，少检查一项扣2分； 5. 未检查绝缘手套扣5分；检查外观完好、无老化、无漏气、合格证书，少一项扣2分	10		
2	检查	1. 进入现场，观察风向，检测硫化氢浓度在规定范围内； 2. 检查压滤机配电系统正常，仪器仪表在有效检定周期内； 3. 检查流程畅通，管线阀门及各附件齐全完好； 4. 检查污泥提升泵减速箱润滑油质符合要求，加注量至油室观察窗1/2~2/3，机械密封完好； 5. 检查压滤机液压站液压油在规定范围内，滤布及滤板完好无破损，配套设施灵活好用	设备检查，配套设施检查，流程检查	1. 未检查各类仪表扣2分； 2. 未检查配电系统及附属设施扣3分； 3. 未检查流程5分； 4. 参数未记录扣5分，漏一项扣2分	25		

续表

序号	考核内容	操作规程	评分要素	评分标准	配分	扣分	得分
3	压泥操作步骤	1. 戴绝缘手套合上闸刀，电源指示灯亮；按“启动”按钮，启动液压油泵； 2. 打开压滤机控制面板，按键选择“自动保压”，滤板压紧压力在 20MPa（15～20MPa），液压油泵自动停止保压，保压灯(绿色)开启； 3. 打开排泥泵出口阀门，打开压滤机的出口阀门； 4. 戴绝缘手套合闸，开关拨到自动挡位，按启动按钮，启动污泥提升泵，压力达到 0.8MPa 左右，频率由高频自动转入低频，观察不再发现变化为正常； 5. 观察压滤机明流放水阀情况，至不出水为止，再压 2～3h，如果压力、变频数、明流放水情况都不再变化，停止污泥提升泵； 6. 运行正常后对泵和压滤机进行一次全面检查，检查泵的上泥情况，机械密封漏失情况，冷却油温度，电机温度，刮泥机的运行，压滤机的漏水情况	根据操作步骤操作	1. 未正确启动液压油泵扣 5 分，未验漏扣 10 分，未倒通流程扣 5 分，未全开扣 3 分； 2. 未侧身开关阀门扣 5 分，未缓慢倒通流程扣 3 分，未口述 2 人配合扣 2 分； 3. 未观察参数，一处扣 2 分； 4. 未保压扣 5 分，未转换自动挡位扣 5 分，放水阀不出水扣 5 分； 5. 未戴绝缘手套合闸终止操作； 6. 运行正常后未对泵和压滤机进行检查扣 10 分，少检查一项扣 2 分	25		
4	运行中检查	1. 运行中注意电流、电压、泵压、压滤机油压及渗水情况； 2. 检查刮泥机的电机温度，及减速箱的油温； 3. 观察压滤机压板压力低于 20MPa 时，及时调整	运行中检查	1. 未检查电流、电压、泵压、压滤机油压扣 5 分，漏一项扣 2 分； 2. 未检查电机温度扣 5 分，未检查减速箱油温扣 5 分	15		
5	卸泥操作步骤	1. 压滤机压泥成型后，停污泥提升泵，停刮泥机，压滤机稳压 3～4h，可以打开拉板将泥卸下； 2. 卸泥过程中可以手动，也可以半自动	按操作步骤卸泥	1. 未检查压滤机内泥已成型扣 10 分； 2. 未正确卸泥扣 10 分	20		
6	清理场地	1. 清理现场； 2. 回收工具		未清理现场扣 5 分，工具少收一件扣 2 分	5		

续表

序号	考核内容	操作规程	评分要素	评分标准	配分	扣分	得分
7	安全文明操作	1. 遵守国家或企业有关安全规定； 2. 操作过程中严格遵守“四不伤害”原则	遵守国家或企业有关安全规定	1. 每违反一项规定，从总分中扣5分； 2. 因操作不当造成人身伤害，从总分中扣20分； 3. 严重违规取消考核			
备注							
合　计					100		

考评员：　　　　核分员：　　　　年　月　日

三十四、高效聚结除油器收油操作

1. 考核要求

(1) 必须穿戴劳动保护用品。
(2) 工具、用具、准备齐全，正确使用。
(3) 操作规程符合安全文明操作。
(4) 按规定完成操作项目，质量达到技术要求。
(5) 操作完毕，做到“工完、料净、场地清”。

2. 准备要求

(1) 设备准备：

序　号	名　称	规　格	数　量	备　注
1	高效聚结除油器		1台	

(2) 材料准备：

序　号	名　称	规　格	数　量	备　注
1	手套		1副	
2	笔		1支	
3	记录表		1张	
4	大布		2块	

(3) 工具、用具准备：

序　号	名　称	规　格	数　量	备　注
1	F扳手		2把	
2	活动扳手	350mm	1把	
3	开口扳手		1套	

(4) 气防设施：

序　号	名　称	规　格	数　量	备　注
1	硫化氢检测仪		1台	
2	正压式空气呼吸器		1套	

3. 操作程序说明

1) 检查工具、用具、量具
(1) 检查各工具、用具及量具的可用性，须符合本次操作使用要求。

(2) 按正压式空气呼吸器检查标准检查。

(3) 检查硫化氢检测仪有无合格证、校验标签是否在有效期内，归零检测检查 。

2) 流程检查

(1) 检查除油器安全附件是否齐全完好。

(2) 检查除油器各连接阀门灵活好用。

(3) 检查污油回收池液位，应处于低位。

3) 收油

(1) 打开收油阀门，关闭出口阀门，将污油排至污油池。

(2) 收油过程中，随时观察污油池液位变化情况，避免污油溢池事故发生。

(3) 污油回收结束后，关闭收油阀门，打开扫线阀门进行扫线，避免污油在管线内产生凝堵。

4. 考核规定说明

(1) 如发现操作过程中可能发生重大违章(如人身伤害、环境污染、设备损坏等)，将终止操作。

(2) 考核采用百分制，考核项目得分按鉴定比重进行折算。

(3) 考核方式说明：本项目为实际操作题，考核过程按评分标准及操作过程进行评分。

(4) 考评技能说明：本项目主要测试考生对除油器收油操作技能掌握的熟练程度。

5. 考核时限

(1) 准备工作：1min(不计入考核时间)。

(2) 正式操作时间：15min。

(3) 提前完成操作不加分，到时停止操作考核。

6. 评分记录表

高效聚结除油器收油操作评分记录表

操作时间：15min　　考生：　　操作用时：

序号	考核内容	操作规程	评分要素	评分标准	配分	扣分	得分
1	准备	1. 穿戴好劳动保护用品； 2. 准备工具：手套、笔、记录表、大布、F 扳手、活动扳手、开口扳手、硫化氢检测仪、正压式呼吸器	准备好工具、用具	1. 工具、用具少一件，扣 2 分； 2. 未检查硫化氢检测仪扣 10 分，少检查一项扣 2 分； 3. 未检查正压式呼吸器扣 10 分，少检查一项扣 2 分	10		

续表

序号	考核内容	操作规程	评分要素	评分标准	配分	扣分	得分
2	收油前检查	1. 检查除油器安全附件是否齐全完好； 2. 检查除油器各连接阀门灵活好用； 3. 检查污油回收池液位，应处于低位	流程检查，液位检查	1. 未检查除油器，此项不得分，不检查液位计扣10分，少检查一处扣5分； 2. 未检查阀门开关状态扣20分，少检查一处扣5分； 3. 不检查污油池液位扣20分，液位不处于最低液位扣5分	30		
3	收油操作	1. 打开收油阀门，关闭出口阀门，将污油排至污油池； 2. 收油过程中，随时观察污油池液位变化情况，避免污油溢池事故发生； 3. 收油结束，恢复过滤流程； 4. 污油回收结束后，进行扫线，避免管线凝堵	切换流程	1. 未打开收油阀门扣5分，未关闭出口阀门扣20分，操作错误扣20分； 2. 收油过程中污油池溢池，此项不得分； 3. 未开出口阀时关闭收油阀，终止操作；开启出口阀，不关收油阀，扣30分； 4. 收油结束后未进行扫线扣20分，扫线未关收油阀扣20分	50		
4	清理场地	1. 清理现场； 2. 回收工具		未清理现场扣10分，工具少收一件扣2分	10		
5	安全文明操作	1. 遵守国家或企业有关安全规定； 2. 操作过程中严格遵守“四不伤害”原则	遵守国家或企业有关安全规定	1. 每违反一项规定，从总分中扣5分； 2. 因操作不当造成人身伤害，从总分中扣20分； 3. 不正确使用工具、用具，扣分项在安全文明操作项内扣除，一次扣2分，最多扣20分； 4. 严重违规取消考核			
备注							
合计					100		

考评员： 核分员： 年 月 日

三十五、高效聚结除油器投停用操作

1. 考核要求

(1) 必须穿戴劳动保护用品。
(2) 工具、用具、安全设备准备齐全，正确使用。
(3) 操作规程符合安全文明操作。
(4) 按规定完成操作项目，质量达到技术要求。
(5) 操作完毕，做到“工完、料净、场地清”。

2. 准备要求

(1) 设备准备：

序 号	名 称	规 格	数 量	备 注
1	高效聚结除油器		1台	

(2) 材料准备：

序 号	名 称	规 格	数 量	备 注
1	手套		若干	
2	笔		1支	
3	记录表		若干	
4	大布		若干	

(3) 工具、用具准备：

序 号	名 称	规 格	数 量	备 注
1	F扳手		2把	
2	活动扳手	350mm	1把	
3	开口扳手		1套	

(4) 气防设施：

序 号	名 称	规 格	数 量	备 注
1	硫化氢检测仪		1台	
2	正压式空气呼吸器		1套	

3. 操作程序说明

1) 检查工具、用具、量具
(1) 检查各工具、用具及量具的可用性，须符合本次操作使用要求。

（2）按正压式空气呼吸器检查标准检查。

（3）检查硫化氢检测仪有无合格证、校验标签是否在有效期内，归零检测检查 。

2）投运前的检查

（1）检查除油器本体无裂纹、泄漏、鼓包、凹陷等现象。

（2）检查除油器安全附件是否齐全完好，进口、出口、排泥、收油阀门灵活好用，人孔、透光孔无渗漏。

（3）除油器投产前各阀门处于关闭状态。

（4）检查除油器 PLC 控制柜是否完好。

3）投运

（1）缓慢开启除油器进口阀门，倾听进液声音，控制初始进液速度，避免造成系统紊乱。

（2）打开除油器顶收油阀，排出内部空气，排气完成后关闭收油阀。

（3）打开除油器出口阀门。

4）运行中的检查

（1）投运正常后，检查个连接处有无“跑、冒、滴、漏”并做好相关记录。

（2）检查高效除油器所有阀门，人孔、法兰等连接处无渗漏。

（3）定时组织收油和排泥。

5）停运

（1）关闭出口阀，打开收油阀，收净除油器顶部污油。

（2）开启排泥阀门，排出罐底污泥。

（3）关闭进口阀门。

（4）长期停运或检修时，排尽高效聚结除油器内部的介质。

（5）做好停运记录。

4. 考核规定说明

（1）如发现操作过程中可能发生重大违章（如人身伤害、环境污染、设备损坏等），将终止操作。

（2）考核采用百分制，考核项目得分按鉴定比重进行折算。

（3）考核方式说明：本项目为实际操作题，考核过程按评分标准及操作过程进行评分。

（4）考评技能说明：本项目主要测试考生对除油器启停操作技能掌握的熟练程度。

5. 考核时限

（1）准备工作：1min（不计入考核时间）。

（2）正式操作时间：20min。

（3）提前完成操作不加分，到时停止操作考核。

6. 评分记录表

高效聚结除油器投停用操作评分记录表

操作时间：20min　　　　　　考生：　　　　　　操作用时：

序号	考核内容	操作规程	评分要素	评分标准	配分	扣分	得分
1	准备	1. 穿戴好劳动保护用品； 2. 准备工具：手套、笔、记录表、大布、F扳手、活动扳手、开口扳手、硫化氢检测仪、正压式呼吸器	准备好工具、用具	1. 工具、用具多、少一件，扣2分； 2. 未检查硫化氢检测仪扣10分，少检查一项扣2分； 3. 未检查正压式呼吸器扣10分，少检查一项扣2分	10		
2	投运前检查	1. 检查除油器本体无裂纹、泄漏、鼓包、凹陷等现象 2. 检查除油器安全附件是否齐全完好，进口、出口、排泥、收油阀门灵活好用，人孔、透光孔无渗漏； 3. 除油器投产前各阀门处于关闭状态； 4. 检查除油器PLC控制柜是否完好	流程检查，设备的检查	1. 未检查除油器本体此项不得分，少检查一项扣5分； 2. 未检查除油器安全附件此项不得分，少检查一处扣5分，少检查一项扣3分； 3. 未检查阀门灵活好用扣20分，少检查一处扣5分； 4. 未检查PLC控制柜扣10分	20		
3	投运及运行中的检查	1. 缓慢开启除油器进口阀门，倾听进液声音，控制初始进液速度，避免造成系统紊乱； 2. 打开除油器顶收油阀，排出内部空气，排气完成后关闭收油阀； 3. 打开出口阀门，关闭收油阀门； 4. 检查除油器所有阀门，压力表、温度表、液位计、人孔、法兰等连接处无渗漏，运行完好； 5. 定时组织收油和排泥	1. 设备投运； 2. 运行检查	1. 未按要求开关阀门扣5分； 2. 未开收油阀排气扣20分，排气后未关闭扣20分； 3. 未开出口阀门此项不得分，未按要求切换流程扣20分，未按要求开关阀门扣5分； 4. 未检查出油器扣20分，少检查一处扣3分； 5. 未口述：定时述排泥、收油扣10分	35		
4	停运	1. 关闭出口阀，打开收油阀，收净除油器顶部污油； 2. 开启排泥阀门，排出罐底污泥； 3. 关闭进口阀门； 4. 长期停运或检修时，应排尽高效聚结除油器内部的介质	切换流程	1. 未进行收油操作，此项不得分；未按要求切换流程扣10分； 2. 不进行排泥操作，此项不得分；未按要求切换流程扣10分； 3. 未关闭进口阀门，此项不得分；未按要求关闭阀门扣5分； 4. 未口述：停运或检修时排尽容器内部介质扣10分	30		

续表

序号	考核内容	操作规程	评分要素	评分标准	配分	扣分	得分
5	清理场地	1. 清理现场； 2. 回收工具		未清理现场扣5分，工具少收一件扣2分	5		
6	安全文明操作	1. 遵守国家或企业有关安全规定； 2. 操作过程中严格遵守“四不伤害”原则	遵守国家或企业有关安全规定	1. 每违反一项规定，从总分中扣5分； 2. 因操作不当造成人身伤害，从总分中扣20分； 3. 严重违规取消考核			
备注							
合计					100		

考评员：　　　　　　　　　　核分员：　　　　　　　　　　年　月　日

高级工

三十六、离心泵一级保养操作

1. 考核要求

(1) 必须穿戴劳动保护用品。
(2) 工具、量具、用具准备齐全，正确使用。
(3) 操作规程符合安全文明操作。
(4) 按规定完成操作项目，质量达到技术要求。
(5) 操作完毕，做到“工完、料净、场地清”。

2. 准备要求

(1) 设备准备：

序 号	名 称	规 格	数 量	备 注
1	离心泵机组		1 台	

(2)材料准备：

序 号	名 称	规 格	数 量	备 注
1	润滑油	CD15W-40(30)	适量	
2	盘根	根据现场选定	若干	
3	大布		若干	
4	手套		1 副	
5	污油盆		1 个	
6	检修警示牌		1 块	
7	铜垫片	0. 1mm、0. 3mm、0. 5mm、1mm	若干	
8	石棉垫		若干	
9	滤网	根据现场选定	1 个	
10	清洗剂		若干	
11	报表		若干	
12	笔		1 支	

(3)工具、用具准备：

序 号	名 称	规 格	数 量	备 注
1	管钳	450mm	1 把	
2	螺丝刀(平口、十字)	200mm	各 1 把	

续表

序 号	名 称	规 格	数 量	备 注
3	开口扳手		1 套	
4	活动扳手	300mm	2 把	
5	塞尺		1 套	
6	钢板尺	150mm	1 把	
7	撬杠	1000mm	1 根	
8	测温枪		1 把	
9	剪刀		1 把	
10	F 扳手		1 把	
11	刮刀		1 把	
12	钢丝刷		1 把	
13	划规		1 个	

3. 操作程序规定说明

1）检查工具、用具、量具

（1）检查各工具、用具及量具的可用性，须符合本次操作使用要求。

（2）检查钢板尺、塞尺刻度清晰、无划痕，有合格证，在校验日期内。

2）停(倒)泵、切换流程

（1）离心泵运行(1000±8)h 后进行一级保养。

（2）停泵、倒泵(按照离心泵启、停泵操作进行)，断电挂检修警示牌。

3）保养

（1）用扳手检查各部件紧固螺栓，保证无松动、滑扣等现象。

（2）用塞尺检查泵底座有无悬空。

（3）更换润滑油，保证液位在 1/3～1/2 之间(静液位)。

（4）检查、调节填料密封的松紧程度。

（5）检查填料压盖是否完好。

（6）检查轴承无卡阻、异响。

（7）检查联轴器完好。

（8）用塞尺和钢板尺检查同心度。

（9）清洁机泵卫生。

4）泵试运行

（1）按照启泵操作规程进行。

（2）再次检查润滑油液位，符合要求。

（3）检查并调整密封填料，漏失量符合标准(10～30 滴/min)。

（4）检查轴承温度正常(滑动轴承其温度不超过 75℃，滚动轴承其温度不超过 70℃)。

（5）正常后继续运行或备用。

5）清理场地

清洁现场，收拾工具，做好相应记录。

4. 考核规定说明

(1) 如发现操作过程中可能发生重大违章(如人身伤害、环境污染、设备损坏等),将终止操作。

(2) 考核采用百分制,考核项目得分按鉴定比重进行折算。

(3) 考核方式说明:本项目为实际操作题,考核过程按评分标准及操作过程进行评分。

(4) 测量技能说明:本项目主要测试考生对离心泵一级保养操作技能掌握的熟练程度。

5. 考核时限

(1) 准备工作:1min(不计入考核时间)。

(2) 正式操作时间:20min。

(3) 提前完成操作不加分,到时终止操作考核。

6. 评分记录表

离心泵一级保养操作评分记录表

操作时间:20min　　考生:　　操作用时:

序号	考核内容	操作规程	评分要素	评分标准	配分	扣分	得分
1	准备工具、用具	1. 穿戴好劳动保护用品; 2. 准备工具:润滑油、盘根、滤网、石棉垫、大布、手套、污油盆、检修警示牌、管钳、铜垫片、撬杠、螺丝刀(平口、十字)、开口扳手、活动扳手、塞尺、钢板尺、测温枪、剪刀、划规、F扳手、钢丝刷子、刮刀、清洗液	准备设备、材料、用具	1. 劳保穿戴不整齐扣5分; 2. 未准备工具扣5分,多、少一件扣1分	5		
2	停(倒)泵、切换流程	1. 离心泵运行(1000±8)h后进行一级保养; 2. 停泵、倒泵(按照离心泵启、停泵操作进行),断电挂检修警示牌	规范操作	1. 未口述一级保养要求扣5分; 2. 未按要求进行停泵、倒泵本项不得分,未断电本项不得分,未挂检修警示牌扣5分	10		
3	保养	1. 用扳手检查各部件紧固螺栓,保证无松动、滑扣等现象; 2. 用塞尺检查泵底座有无悬空;	严格保养规定,保养到位	1. 未检查各部件紧固螺栓,一处扣2分; 2. 未检查泵底座扣10分,少一处扣2分; 3. 未更换润滑油扣20分,液位不符合要求扣10分;	50		

续表

序号	考核内容	操作规程	评分要素	评分标准	配分	扣分	得分
3	保养	3. 更换润滑油，保证液位在1/3~1/2之间(静液位)； 4. 检查、调节填料密封的松紧程度； 5. 调节泵使其在规定的技术参数下运行； 6. 检查填料压盖是否完好； 7. 检查轴承无卡阻、异响； 8. 检查联轴器完好； 9. 用塞尺和钢板尺检查同心度； 10. 清洁机泵卫生	严格保养规定，保养到位	4. 未检查、调节填料密封扣10分； 5. 未检查填料压盖扣5分； 6. 未检查轴承扣10分，少一处扣5分； 7. 未检查联轴器扣10分； 8. 未检查或不会检查同心度扣10分； 9. 未清洁机泵卫生扣10分	50		
4	泵试运行	1. 按照启泵操作规程进行； 2. 再次检查润滑油液位，符合要求； 3. 检查并调整密封填料，漏失量符合标准(10~30滴/min)； 4. 检查轴承温度正常(滑动轴承其温度不超过75℃，滚动轴承其温度不超过70℃)； 5. 正常后继续运行或备用	试运行符合操作规程，各部检查到位	1. 启泵操作不符合要求扣10分； 2. 未再次检查润滑油液位扣5分； 3. 未检查漏失量扣5分，调整不符合标准扣5分； 4. 未检查轴承温度扣10分；不口述温度要求，一项扣5分	30		
5	清理场地，填写保养记录	清洁现场，收拾工具，填写保养记录	收拾工具，清洁场地	1. 未清理现场扣5分； 2. 工具少收一件扣2分 3. 未填写保养记录扣5分	5		
6	安全文明操作	1. 遵守国家或企业有关安全规定； 2. 操作过程中严格遵守“四不伤害”原则	遵守国家或企业有关安全规定	1. 每违反一项规定，从总分中扣5分； 2. 因操作不当造成人身伤害，从总分中扣20分； 3. 严重违规取消考核； 4. 不正确使用工具、用具，扣分项在安全文明操作项内扣除，一次扣2分，最多扣20分			
备注							
合　计					100		

考评员：　　　　核分员：　　　　年　月　日

三十七、离心泵汽蚀处理操作

1. 考核要求

(1) 必须穿戴劳动保护用品。
(2) 工具、用具准备齐全，正确使用。
(3) 按要求紧急停泵。
(4) 检查发生汽蚀的原因。
(5) 处理汽蚀的泵。
(6) 操作规程符合安全文明操作。
(7) 操作完毕，做到“工完、料净、场地清”。

2. 准备要求

(1)设备准备：

序 号	名 称	规 格	数 量	备 注
1	离心泵		1台	

(2)材料准备：

序 号	名 称	规 格	数 量	备 注
1	润滑脂	3#钙基	3kg	
2	大布		若干	

(3)工具、量具、用具准备：

序 号	名 称	规 格	数 量	备 注
1	活动扳手		1把	
2	梅花扳手		1套	
3	测温枪		1把	

3. 操作程序说明

1) 检查工具、用具

检查各工具、用具及可用性，须符合本次操作使用要求。

2) 检查流程，按要求紧急停泵、放气

(1) 按停止按钮，停泵。

（2）打开排气阀放气。

3）离心泵汽蚀原因分析及处理

（1）检查来液液位。

（2）检查来液温度。

（3）检查进口阀门。

（4）检查密封填料漏失。

（5）检查过滤器是否堵塞。

（6）检查泵进口流程是否畅通。

（7）倒通流程，排空气体，按照标准启泵。

4. 考核规定说明

（1）规定时间完成，超时停止操作。

（2）如操作违章，将停止考核。

（3）若发生事故停止操作。

（4）考核采用百分制，考核项目得分按鉴定比重进行折算。

（5）考核方式说明：本项目为实际操作题，考核过程按评分标准及操作过程进行评分。

（6）测量技能说明：本项目主要测试考生对离心泵出现汽蚀故障的原因进行分析以及是否采取了正确措施处理汽蚀故障。

5. 考核时限

（1）准备工作：1min（不计入考核时间）。

（2）正式操作时间：20min。

（3）提前完成操作不加分，到时停止操作。

6. 评分记录表

离心泵汽蚀处理操作评分记录表

操作时间：20min　　考生：　　操作用时：

序号	考核内容	操作规程	评分要素	评分标准	配分	扣分	得分
1	工具、用具准备	1. 穿戴好劳动保护用品； 2. 准备工具：润滑脂、石棉垫、大布、活动扳手、梅花扳手、测温枪	正确选用工具、用具	1. 劳保穿戴不整齐扣5分； 2. 未准备工具扣5分，多、少一件扣1分	5		
2	停泵放气	1. 按停止按钮，停泵； 2. 打开排气阀放气	按要求紧急停泵	1. 不立即停泵扣10分，停泵方法错取消考试资格； 2. 不放气扣10分，放气方法不对扣5分	20		

续表

序号	考核内容	操作规程	评分要素	评分标准	配分	扣分	得分
3	离心泵汽蚀原因分析及处理	1. 检查来液液位； 2. 检查来液温度； 3. 检查进口阀门； 4. 检查密封填料漏失； 5. 检查过滤器是否堵塞； 6. 检查泵进口流程是否畅通； 7. 倒通流程，排空气体，按照标准启泵	检查分析发生汽蚀的原因及处理	1. 不检查来液液位扣20分，不会处理液位低扣10分； 2. 不检查来液温度扣20分，不会处理扣10分； 3. 不检查进口阀门扣20分，不会处理扣10分，检查方法不正确扣5分； 4. 不检查密封填料漏失量是否过大扣20分，不会处理密封填料漏失扣10分，漏失量不清楚扣5分； 5. 不检查过滤器是否堵塞扣20分，不会处理扣10分； 6. 不检查泵进口流程扣10分，不会处理扣5分； 7. 汽蚀故障排除，未启泵观察运行状况扣30分	70		
4	工具、用具收回，清理场地	回收齐全工具、用具，清洁现场，收拾工具，做好相应记录	处理完后清洁收回工具、用具，清洁场地	1. 未清洁工具用具扣5分； 2. 不收回工具扣5分，少一件扣2分； 3. 未清理现场扣5分	5		
5	安全文明操作	1. 遵守国家或企业有关安全规定； 2. 操作过程中严格遵守“四不伤害”原则	遵守国家或企业有关安全规定	1. 每违反一项规定，从总分中扣5分； 2. 因操作不当造成人身伤害，从总分中扣20分； 3. 严重违规取消考核； 4. 不正确使用工具、用具，扣分项在安全文明操作项内扣除，一次扣2分，最多扣20分			
备注							
合计					100		

考评员： 核分员： 年 月 日

三十八、两相分离器投运操作

1. 考核要求

(1) 必须穿戴劳动保护用品。
(2) 工具、量具、用具准备齐全，正确使用。
(3) 操作规程符合安全文明操作。
(4) 按规定完成操作项目，质量达到技术要求。
(5) 操作完毕，做到“工完、料净、场地清”。

2. 准备要求

(1) 设备准备：

序 号	名 称	规 格	数 量	备 注
1	气液分离器		1套	

(2) 材料准备：

序 号	名 称	规 格	数 量	备 注
1	大布		若干	
2	手套		若干	
3	报表		若干	
4	笔		1支	

(3) 工具、用具准备：

序 号	名 称	规 格	数 量	备 注
1	四合一气体检测仪		1台	
2	F扳手	500mm	1把	
3	正压式呼吸器		1套	硫化氢井(站)
4	活动扳手	250mm	1把	
5	开口扳手		1套	
6	生料带		若干	

3. 操作程序说明

1) 检查工具、用具
检查各工具、用具及可用性，须符合本次操作使用要求。

2）投运前检查

（1）检查分离器各连接处是否连接可靠。

（2）检查压力表、温度计是否符合使用要求。

（3）检查排污阀是否关闭。

（4）检查液位计连接阀是否开启。

（5）检查放空阀是否关闭。

（6）检查安全阀进出口畅通。

3）投运操作

（1）打开液位计上下引压阀。

（2）缓慢打开分离器进口阀，观察压力，待投运分离器压力与系统压力平衡后，根据实际情况分别打开分离器气出阀门和液出口阀门(分离器液位控制在 1/2～2/3)。

（3）待压力、液位稳定后，全开出液阀门，调整分离器气出口阀门，控制压力、液位在正常范围。

（4）投用机械浮球调节装置，控制分离器液位在 1/2～2/3 处。

（5）运行正常后，填写报表。

4）清理场地

清洁现场，收拾工具，做好相应记录。

4. 考核规定说明

（1）若在考核过程中出现操作违章，将停止考核。

（2）考核采用百分制，考核项目得分按鉴定比重进行折算。

（3）本项目为实际操作题，考核过程按评分标准及操作过程进行评分。

（4）本项目主要测试考生对两相分离器投运操作掌握的熟练程度。

5. 考核时限

（1）准备工作：1min(不计入考核时间)。

（2）正式操作时间：15min。

（3）提前完成操作不加分，到时停止操作考核。

6. 评分记录表

两相分离器投运操作评分记录表

操作时间：15min　　考生：　　操作用时：

序号	考核内容	操作规程	评分要素	评分标准	配分	扣分	得分
1	准备	1. 穿戴好劳动保护用品； 2. 准备工具：大布、手套、报表、笔、四合一气体检测仪、防爆型 F 扳手、正压式呼吸器、活动扳手、开口扳手、生料带	准备材料、工具	1. 劳保穿戴不整齐扣 5 分； 2. 未准备工具扣 5 分，多、少一件扣 1 分	5		

续表

序号	考核内容	操作规程	评分要素	评分标准	配分	扣分	得分
2	投运前检查	1. 检查分离器各连接处是否连接可靠； 2. 检查压力表、温度计是否符合使用要求； 3. 检查排污阀是否关闭； 4. 检查液位计连接阀是否开启； 5. 检查放空阀是否关闭； 6. 检查安全阀进出口畅通	按照规范各部分检查到位	1. 各连接处漏检查，一处扣2分； 2. 未检查压力表、温度计，一处扣5分；读表不规范扣3分； 3. 未确认各阀门开关状态，少一处扣5分； 4. 未确认开关标识牌，一处扣2分	35		
3	投运操作	1. 打开液位计上下引压阀； 2. 缓慢打开分离器进口阀，观察压力，待投运分离器压力与系统压力平衡后，根据实际情况分别打开分离器气出阀门和液出口阀门(分离器液位控制在1/2~2/3)； 3. 待压力、液位稳定后，全开出液阀门，调整分离器气出口阀门，控制压力、液位在正常范围； 4. 投用机械浮球调节装置，控制分离器液位在1/2~2/3处； 5. 运行正常后，填写报表	按照操作规范进行操作	1. 未打开液位计上下引压阀，本项不得分； 2. 未打开分离器气出阀门和液出口阀门，本项不得分，打开时机不符合要求扣30分； 3. 未打开出液阀门，本项不得分，控制压力、液位不符合要求扣20分； 4. 投用浮球装置控制分离器液位不符合要求扣20分； 5. 运行正常后，未填写报表扣10分，少一项扣2分	55		
4	清理场地	清洁现场，收拾工具，做好相应记录	收拾工具，清洁场地	1. 未清理现场，从总分中扣5分； 2. 工具少收一件，从总分中扣2分	5		
5	安全文明操作	1. 遵守国家或企业有关安全规定； 2. 操作过程中严格遵守“四不伤害”原则	遵守国家或企业有关安全规定	1. 每违反一项规定，从总分中扣5分； 2. 因操作不当造成人身伤害，从总分中扣20分； 3. 严重违规取消考核； 4. 不正确使用工具、用具，扣分项在安全文明操作项内扣除，一次扣2分，最多扣20分			
备注							
合　计					100		

考评员：　　　　核分员：　　　　年　月　日

三十九、计量分离器调整操作

1. 考核要求

(1) 必须穿戴劳动保护用品。
(2) 工具、量具、用具准备齐全，正确使用。
(3) 操作规程符合安全文明操作。
(4) 按规定完成操作项目，质量达到技术要求。
(5) 操作完毕，做到“工完、料净、场地清”。

2. 准备要求

(1) 设备准备：

序　号	名　称	规　格	数　量	备　注
1	计量分离器		1台	
2	平衡块		若干	

(2)材料准备：

序　号	名　称	规　格	数　量	备　注
1	大布		若干	
2	手套		若干	

(3)工具、用具准备：

序　号	名　称	规　格	数　量	备　注
1	活动扳手		2把	
2	F扳手		1把	
3	笔		1支	
4	报表		若干	

3. 操作程序说明

1) 检查工具、用具
检查各工具、用具及可用性，须符合本次操作使用要求。
2) 判断浮子液位油气调节阀的动作是否正确
(1) 液位在高限时，调节阀液路开启，质量流量计显示流量。

（2）液位在低限时，调节阀液路关闭，质量流量计显示的流量为零。

3）液位调节操作

（1）根据计量分离器液位进行调节。

（2）液位过高时，把上杠杆压下，把下杠杆抬起，再把调节杆及上下杠杆调节到相应位置后，拧紧杠杆套上的防松螺母。

（3）液位过低时，把上杠杆抬起，把下杠杆压下，再把调节杆及上下杠杆调节到相应位置后，拧紧杠杆套上的防松螺母。

（4）当气液比较小时，在上杠杆末端配置适当平衡块；当气液比较大时，在下杠杆末端配置适当平衡块，并拧紧固定螺钉。

（5）根据计量分离器液位情况，重复上述操作直至液位稳定。

4）记录数据

（1）稳定2h后开始计量，记录下计量开始和结束的时间、液位以及相应流量计的累计流量，计量时间为4~8h（由生产情况决定）。

（2）计量结束后切出计量流程，计算产量并上报。

5）清理场地

清洁现场，收拾工具，做好相应记录。

4. 考核规定说明

（1）如操作违章，将停止考核。

（2）考核采用百分制，考核项目得分按鉴定比重进行折算。

（3）考核方式说明：本项目为实际操作题，考核过程按评分标准及操作过程进行评分。

（4）测量技能说明：本项目主要测试考生对计量分离器调整操作技能掌握的熟练程度。

5. 考核时限

（1）准备工作：1min（不计入考核时间）。

（2）正式操作时间：15min。

（3）提前完成操作不加分，到时停止操作考核。

6. 评分记录表

计量分离器调整操作评分记录表

操作时间：15min　　考生：　　操作用时：

序号	考核内容	操作规程	评分要素	评分标准	配分	扣分	得分
1	准备	1. 穿戴好劳动保护用品； 2. 准备工具：大布、手套、平衡块、活动扳手、F扳手、笔、报表	准备工具、量具、用具	1. 劳保穿戴不整齐扣5分； 2. 未准备工具扣5分，多、少一件扣1分	5		

续表

序号	考核内容	操作规程	评分要素	评分标准	配分	扣分	得分
2	判断浮子液位油气调节阀的动作是否正确	1. 液位在高限时，调节阀液路开启，质量流量计显示流量； 2. 液位在低限时，调节阀油路关闭，质量流量计显示的流量为零	正确判断浮子液位油气调节阀的动作	调节错误，此项不得分	10		
3	液位调节操作	1. 根据计量分离器液位进行调节； 2. 液位过高时，把上杠杆压下，把下杠杆抬起，再把调节杆及上下杠杆调节到相应位置后，拧紧杠杆套上的防松螺母； 3. 液位过低时，把上杠杆抬起，把下杠杆压下，再把调节杆及上下杠杆调节到相应位置后，拧紧杠杆套上的防松螺母； 4. 当气液比较小时，在上杠杆末端配置适当平衡块；当气液比较大时，在下杠杆末端配置适当平衡块，并拧紧固定螺钉； 5. 根据计量分离器液位情况，重复上述操作直至液位稳定	根据计量分离器液位调节方法进行操作	1. 不会操作，该项不得分； 2. 杠杆调节不到位扣20分； 3. 杠杆调节后，未锁紧防松螺母扣10分； 4. 平衡块配置不当扣20分； 5. 未拧紧固定螺钉扣10分； 6. 平衡块脱落，一块扣5分	45		
4	记录数据	1. 稳定2h后开始计量，记录下计量开始和结束的时间、液位以及相应流量计的累计流量，计量时间为4～8h（由生产情况决定）； 2. 计量结束后切出计量流程，计算产量并上报	根据计量情况，核实相关数据	1. 未稳定开始记录时间扣5分； 2. 记录开始时间或结束时间不准确，一处扣5分； 3. 计量时间未满足生产需求扣10分； 4. 计量结束后未切出计量流程或切出流程不正确扣20分； 5. 计量产量不准确扣10分	35		
5	清理场地	清洁现场，收拾工具，做好相应记录	收拾工具，清洁场地	1. 未清理现场，从总分中扣除5分； 2. 工具少收一件，从总分中扣除2分			

续表

序号	考核内容	操作规程	评分要素	评分标准	配分	扣分	得分
6	安全文明操作	1. 遵守国家或企业有关安全规定； 2. 操作过程中严格遵守“四不伤害”原则	遵守国家或企业有关安全规定	1. 每违反一项规定，从总分中扣5分； 2. 因操作不当造成人身伤害，从总分中扣20分； 3. 严重违规取消考核			
备注							
合　计					100		

考评员：　　　　核分员：　　　　年　月　日

四十、调整机泵同心度(百分表测量)操作

1. 考核要求

(1) 必须穿戴劳动保护用品。
(2) 工具、量具、用具准备齐全，正确使用。
(3) 操作规程符合安全文明操作。
(4) 按规定完成操作项目，质量达到技术要求。
(5) 操作完毕，做到“工完、料净、场地清”。

2. 准备要求

(1)设备准备：

序 号	名 称	规 格	数 量	备 注
1	多级离心泵及电机组		1台	

(2)材料准备：

序 号	名 称	规 格	数 量	备 注
1	铜皮垫片	0. 1mm、0. 3mm、0. 5mm、1mm	若干	
2	大布		若干	
3	记录纸		若干	
4	记录笔		1支	
5	石笔		2支	
6	清洗剂		若干	

(3)工具、量具、用具准备：

序 号	名 称	规 格	数 量	备 注
1	百分表及表架		2套	
2	钢板尺	150mm	1把	
3	加力杠	1m	1根	
4	铜棒	26mm×250mm	1根	
5	手锤		1把	
6	撬杠	1500mm	2根	
7	套筒扳手	8~22mm	1套	

续表

序号	名称	规格	数量	备注
8	塞尺		1把	
9	块规		1套	
10	螺丝刀		1把	

3. 操作程序说明

1）检查工具、用具、量具

检查各工具、用具、量具及可用性，须符合本次操作使用要求。

2）初步校正机泵联轴器同心度

（1）以泵作为校正的基准，电动机作为调整的对象，检查确认泵底座螺栓是否紧固。

（2）将基础和底座清理干净，清洁联轴器外圆及端面。

（3）用块规调整机泵联轴器端面间隙，使两个联轴器的端面间隙达到4~6mm，测量时，要拨动两联轴器，以防出现假间隙。

（4）用塞尺检查电机是否存在悬空情况，若悬空，添加适量垫片。

（5）使用钢板尺和塞尺初步检查上下、左右联轴器的径向偏差，用塞尺和块规初步检查上下、左右联轴器的轴向偏差，靠加减垫片调整上下偏差，用撬杠调整左右偏差，初步找好联轴器同心度。

（6）用两个联轴器螺栓对称连接好机泵联轴器，用于盘车。

3）架设百分表

（1）用石笔在电动机联轴器上顺着泵的旋转方向均匀标出0°、90°、180°、270°四个对称的测量点。

（2）检查百分表，保证百分表动作灵活，无卡滞现象，表针不松动。

（3）把百分表架的磁性底座固定在泵的联轴器上，将一块百分表测头与电动机联轴器外圆垂直接触，用于测量径向偏差，另一块百分表测头与电动机联轴器后端面垂直接触，用于测量轴向偏差。

（4）调整百分表测量杆的下压量约2mm，同时转数指示盘的小指针对准某一整数，然后紧固百分表架的各个紧固螺栓；旋转百分表的表圈，使表针归零；轻轻提拉百分表的测量杆并让它回弹，看百分表是否依然归零；如果不归零，则应重新调整表架和表，使百分表归零；盘泵一圈，看百分表是否归零；如果不归零，同样重新调整表架和表，使百分表归零。

4）测量机泵联轴器的径向偏差和轴向偏差

（1）顺着泵的旋转方向转动联轴器90°，记录90°点的径向偏差表和轴向偏差表读数，并填入表中。

（2）顺着泵的旋转方向再转动联轴器90°，记录180°点的径向偏差表和轴向偏差表读数，并填入表中。

（3）顺着泵的旋转方向再转动联轴器90°，记录270°点的径向偏差表和轴向偏差表读数，并填入表中。

（4）顺着泵的旋转方向再转动联轴器90°，回到起始位置0°点，检查两表是否归零。

5）调整机泵联轴器同心度

（1）计算联轴器上下径向偏差调整量。

（2）计算联轴器上下轴向偏差调整量。

（3）松开电动机地脚螺栓，调整垫片厚度。

（4）调整联轴器的左右偏差。

6）紧固电动机的地脚螺栓

对角均匀多次紧固。

7）重新检测

（1）重新架表检测四个点的径向偏差和轴向偏差是否符合技术要求，如果偏差值仍然较大，则重新测量和调整。

（2）如果偏差值较小，通过紧固电动机地脚螺栓的方法调整偏差，直至机泵联轴器的轴向偏差不大于0.06mm、径向偏差不大于0.06mm，两个联轴器的端面间隙达到4~6mm为止。

8）连接机泵联轴器螺栓

对角均匀多次紧固。

9）清理现场

清洁现场，收拾工具，做好记录。

4. 考核规定说明

（1）如操作违章，将停止考核。

（2）考核采用百分制，考核项目得分按鉴定比重进行折算。

（3）考核方式说明：本项目为实际操作题，考核过程按评分标准及操作过程进行评分。

（4）测量技能说明：本项目主要测试考生找正机泵同心度的熟练程度。

5. 考核时限

（1）准备工作：3min（不计入考核时间）。

（2）正式操作时间：35min。

（3）提前完成操作不加分，到时停止操作。

6. 评分记录表

调整机泵同心度操作（百分表测量）操作评分记录表

操作时间：35min　　　　考生：　　　　操作用时：

序号	考核内容	操作规程	评分要素	评分标准	配分	扣分	得分
1	准备	1. 穿戴好劳动保护用品； 2. 准备工具：铜皮垫片、大布、记录纸、记录笔、石笔、清洗剂、百分表及表架、钢板尺、加力杠、铜棒、手锤、撬杠、套筒扳手、塞尺、块规、螺丝刀	检查工具、量具、用具	1. 劳保穿戴不整齐扣5分； 2. 未准备工具扣5分，多、少一件扣1分	5		

续表

序号	考核内容	操作规程	评分要素	评分标准	配分	扣分	得分
2	初步校正机泵联轴器同心度	1. 以泵作为校正的基准，电动机作为调整的对象，检查确认泵底座螺栓； 2. 将基础和底座清理干净，清洁联轴器外圆及端面； 3. 用块规调整机泵联轴器端面间隙，使两个联轴器的端面间隙达到 4~6mm；测量时，要拨动两联轴器，以防出现假间隙； 4. 用塞尺检查电机是否存在悬空情况，若悬空，添加适量垫片； 5. 使用钢板尺和塞尺初步检查上下、左右联轴器的径向偏差，用塞尺和块规初步检查上下、左右联轴器的轴向偏差；靠加减垫片调整上下偏差，用撬杠调整左右偏差，初步找好联轴器同心度； 6. 用两个联轴器螺栓对称连接好机泵联轴器，用于盘车	初步校正机泵联轴器同心度	1. 选择基础不对扣 2 分； 2. 未检查确认泵底部螺栓扣 2 分； 3. 未清理基础、底座及联轴器外圆及端面，一处扣 2 分； 4. 机泵联轴器端面间隙未调整到规定数值扣 3 分； 5. 未检查电机悬空扣 2 分； 6. 未按要求初步找好同心度扣 3 分； 7. 未对称连接好两个联轴器螺栓扣 2 分	10		
3	架设百分表	1. 用石笔在电动机联轴器上顺着泵的旋转方向均匀标出 0°、90°、180°、270°四个对称的测量点； 2. 检查百分表，确认有合格证和有效的检定证书，保证百分表刻度清晰，动作灵活，无卡滞现象，表针不松动； 3. 把百分表架的磁性底座固定在泵的联轴器上，将一块百分表测头与电动机联轴器外圆垂直接触，用于测量径向偏差；另一块百分表测头与电动机联轴器后端面垂直接触，用于测量轴向偏差； 4. 调整百分表测量杆的下压量约为 2mm，同时转数指示盘的小指针对准某一整数，然后紧固百分表架的各个紧固螺栓；旋转百分表的表圈，使表针归零；轻轻提拉百分表的测量杆并让它回弹，看百分表是否依然归零；如果不归零，则应重新调整表架和表，使百分表归零；盘泵一圈，看百分表是否归零；如果不归零，同样重新调整表架和表，使百分表归零	正确检查和安装百分表	1. 未做标记，一处扣 2 分； 2. 未正确检查百分表，少一项扣 1 分； 3. 百分表测头检测位置不准确，一处扣 5 分；测头与被测点不垂直，一处扣 3 分； 4. 调整下压量不准确扣 3 分； 5. 未紧固百分表架扣 2 分； 6. 未归零扣 3 分； 7. 未复测归零，一次扣 3 分	20		

续表

序号	考核内容	操作规程	评分要素	评分标准	配分	扣分	得分
4	测量机泵联轴器的径向偏差和轴向偏差	顺着泵的旋转方向转动联轴器至四个测量位置，分别记录各点的径向偏差表和轴向偏差	旋转方向准确，测量点到位，读数准确	1. 旋转方向错误扣3分； 2. 测量点旋转不到位，一次扣3分； 3. 读数不准确，一次扣5分	20		
5	调整机泵联轴器同心度	1. 计算联轴器上下径向偏差调整量； 2. 计算联轴器上下轴向偏差调整量； 3. 松开电动机地脚螺栓，调整垫片厚度； 4. 调整联轴器的左右偏差	校正合格后方可紧固	1. 不会计算调整量，一处扣3分； 2. 不会调整扣5分	10		
6	紧固电动机的地脚螺栓	对角均匀多次紧固	正确紧固螺栓	1. 未紧固扣5分； 2. 未正确紧固扣3分	5		
7	重新检测	1. 重新架表检测四个点的径向偏差和轴向偏差是否符合技术要求，如果偏差值仍然较大，则重新测量和调整； 2. 如果偏差值较小，通过紧固电动机地脚螺栓的方法调整偏差，直至机泵联轴器的轴向偏差不大于0.06mm、径向偏差不大于0.06mm，两个联轴器的端面间隙达到4~6mm为止	复测数据准确	1. 未复测，本项不得分； 2. 复测不到位，一处扣3分	20		
8	连接机泵联轴器螺栓	对角均匀紧固	正确紧固螺栓	1. 未安装剩余螺栓扣5分； 2. 未正确紧固螺栓扣3分	5		
9	清理场地	清洁现场，收拾工具，做好相应记录	收拾工具，清洁场地	1. 未清理现场，从总分中扣5分； 2. 工具少收一件，从总分中扣2分	5		

续表

序号	考核内容	操作规程	评分要素	评分标准	配分	扣分	得分
10	安全文明操作	1. 遵守国家或企业有关安全规定； 2. 操作过程中严格遵守"四不伤害"原则	遵守国家或企业有关安全规定	1. 每违反一项规定，从总分中扣5分； 2. 因操作不当造成人身伤害，从总分中扣20分； 3. 严重违规取消考核； 4. 不正确使用工具、用具，扣分项在安全文明操作项内扣除；一次扣2分，最多扣20分			
备注							
合　计					100		

考评员：　　　　核分员：　　　　年　月　日

四十一、更换离心泵密封填料操作

1. 考核要求

(1) 必须穿戴劳动保护用品。
(2) 工具、量具、用具准备齐全，正确使用。
(3) 操作规程符合安全文明操作。
(4) 按规定完成操作项目，质量达到技术要求。
(5) 操作完毕，做到“工完、料净、场地清”。

2. 准备要求

(1) 设备准备：

序 号	名 称	规 格	数 量	备 注
1	离心泵		1台	

(2) 材料准备：

序 号	名 称	规 格	数 量	备注
1	密封填料	根据现场填料函	若干	密封填料种类、规格根据生产实际定
2	黄油	3#锂基脂	若干	
3	大布		若干	
4	“停运”牌		1块	

(3) 工具、量具、用具准备：

序 号	名 称	规 格	数 量	备 注
1	梅花扳手		1套	
2	活动扳手	200mm、250mm	各1把	
3	F扳手		1把	
4	平口螺丝刀	150mm	1把	
5	电工刀		1把	
6	密封填料铁钩		1把	清旧填料
7	验电笔		1支	
8	绝缘手套		1副	

3. 操作程序说明

1）检查工具、用具

检查各工具、用具及可用性，须符合本次操作使用要求。

2）切换流程

（1）切换备用流程，待运行参数满足工艺要求时，停运待修泵。

（2）停运待修泵，切断电源，挂警示牌。

（3）关闭泵进、出口阀门，进行泄压、排污。

3）卸密封填料压盖

（1）拆除盖螺母，取下压盖。

（2）取出旧填料，清理填料函。

（3）清洁填料压盖。

4）切割填料

（1）选取合适规格的填料，量取长度。

（2）切割填料，确保斜口满足填料安装要求。

5）填装填料

填料层间错口在 90°~180°间。

6）安装压盖

（1）对称拧紧压盖螺栓，注意压盖与泵壳端面平行，压盖压入深度不少于 5mm。

（2）盘泵 3~5 圈，无卡阻现象。

7）试泵

（1）严格按照启运离心泵操作规程执行。

（2）根据漏失量适当调整压盖螺栓；调整后漏失量在 10~30 滴/min。

8）清理现场

清洁现场，收拾工具，做好相应记录。

4. 考核规定说明

（1）如操作违章，将停止考核。

（2）考核采用百分制，考核项目得分按鉴定比重进行折算。

（3）考核方式说明：本项目为实际操作题，考核过程按评分标准及操作过程进行评分。

（4）测量技能说明：本项目主要测试考生对离心泵添加密封填料操作技能掌握的熟练程度。

5. 考核时限

（1）准备工作：1min（不计入考核时间）。

（2）正式操作时间：15min。

（3）提前完成操作不加分，到时停止操作考核。

6. 评分记录表

更换离心泵密封填料操作评分记录表

操作时间：15min　　考生：　　操作用时：

序号	考核内容	操作规程	评分要素	评分标准	配分	扣分	得分
1	准备	1. 穿戴好劳动保护用品； 2. 准备工具：梅花扳手、活动扳手、F 扳手、平口螺丝刀、电工刀、密封填料铁钩、试电笔、绝缘手套、密封填料、黄油、大布、运行标识牌	工具、用具准备	1. 劳保穿戴不整齐扣 5 分； 2. 未准备工具扣 5 分，多、少一件扣 1 分	5		
2	切换流程	1. 切换备用流程，待运行参数满足工艺要求时，停运待修泵； 2. 停运待修泵，切断电源，挂警示牌； 3. 关闭泵进、出口阀门，进行泄压、排污	按操作规程停泵关闭进出口闸门，开放空泄压	1. 未切换备用流程终止操作； 2. 未按操作规程停泵扣 3 分； 3. 未切断电源扣 5 分，未悬挂警示牌扣 5 分； 4. 未关闭进出口阀扣 15 分，未正确开关阀门，一次扣 2 分； 5. 未泄压、排污扣 5 分	15		
3	卸密封填料压盖	1. 拆除盖螺母，取下压盖； 2. 取出旧填料，清理填料函； 3. 清理填料压盖	卸掉压盖螺母，取出旧填料	1. 压盖放置不规范扣 2 分； 2. 填料函未取净扣 3 分； 3. 未清理检查填料压盖扣 2 分	5		
4	量切填料	1. 选取合适规格的填料，量取长度； 2. 切割填料，确保斜口满足填料安装要求	填料规格合适，长度准确；切割斜口满足填料安装要求	1. 规格选取错误扣 5 分； 2. 长度不符合要求扣 3 分； 3. 斜口不满足 30°~45°要求扣 3 分； 4. 斜口方向切割错误，一次扣 3 分	15		
5	填装填料	新填料涂抹黄油后进行逐个安装(切口相错 90°~180°)	填料圈数满足使用要求	1. 错口角度未在 90°~180°扣 10 分； 2. 填料圈数满足使用要求扣 10 分	20		
6	安装压盖	1. 对称拧紧压盖螺栓，注意压盖与泵壳端面平行，压盖压入深度不少于 5mm； 2. 盘泵 3~5 圈，无卡阻现象	按要求将压盖对称压紧并盘泵	1. 压盖与泵壳端面不平行扣 10 分； 2. 压盖压入深度少于 5mm 扣 5 分； 3. 未正确盘泵扣 5 分	15		

续表

序号	考核内容	操作规程	评分要素	评分标准	配分	扣分	得分
7	试运行泵	1. 严格按照启运离心泵操作规程执行； 2. 根据漏失量适当调整压盖螺栓；调整后漏失量在10～30滴/min； 3. 观察5min后，做好记录	严格按照操作规程启泵，启泵后调整压盖松紧，观察流失量	1. 未按照操作规程启泵扣10分； 2. 未观察漏失量扣5分； 3. 口述不知道漏失量标准值扣5分； 4. 漏失量调整不符合要求扣5分	20		
8	清理场地	清洁现场，收拾工具，填写报表	收拾工具，清洁场地	少收拾一件工具扣2分，未填写报表扣5分，少填一项扣2分，未清理现场扣5分	5		
10	安全文明操作	1. 违反重大安全事项，终止操作； 2. 操作步骤次序错误扣相应项目分值； 3. 操作过程中严格遵守“四不伤害”原则	遵守国家或企业有关安全规定	1. 工具、用具未正确使用在，一次从总分中扣2分，最多扣10分； 2. 每违反一项规定从总分中扣5分；严重违规取消考核； 3. 因操作不当造成人身伤害，从总分中扣20分； 4. 不正确使用工具、用具，扣分项在安全文明操作项内扣除，一次扣2分，最多扣20分			
备注							
合　计					100		

考评员：　　　　　　　　　　核分员：　　　　　　　　　　年　月　日

四十二、更换单级离心泵机油操作

1. 考核要求

(1) 正确选用工具、用具和使用材料。
(2) 更换前对油位油质和密封情况进行检查。
(3) 按要求进行放油清洗加油操作。
(4) 更换油后检查油位、密封符合要求。
(5) 清洁工具、用具和材料，做好保养的记录。
(6) 穿戴劳保，按规程操作。

2. 准备要求

(1)设备准备：

序 号	名 称	规 格	数 量	备 注
1	单级离心泵		1台	

(2) 材料准备：

序 号	名 称	规 格	数 量	备 注
1	大布		若干	
2	手套		若干	
3	机油	CD15W-40(30)	若干	
4	生料带		若干	
5	清洗剂		若干	

(3)工具、用具准备：

序 号	名 称	规 格	数 量	备 注
1	活动扳手	200mm	1把	
2	机油壶		1个	
3	污油盆		1个	
4	警示牌		1个	

续表

序　号	名　称	规　格	数　量	备　注
5	验电笔		1 支	
6	绝缘手套		1 副	

3. 操作程序说明

1）检查工具、用具

检查各工具、用具及可用性，须符合本次操作使用要求。

2）切换流程

（1）切换备用流程，待运行参数满足工艺要求时，停运待修泵。

（2）停运待修泵，切断电源，挂警示牌。

（3）关闭泵进出口阀门。

3）更换操作

（1）放置污油盆，卸掉放油丝堵进行放油。

（2）打开机油室顶部加油盖子彻底放尽。

（3）用清洗剂清洗机油室。

（4）安装机油室底部丝堵。

（5）开始加油（注意观察油位控制在 1/2~2/3 之间，加油时不能发生溢流）。

（6）安装顶部加油盖。

4）启泵

（1）摘除警示牌。

（2）盘泵，送电、启泵。

（3）观察泵运行情况，油位控制在视窗的 1/3~1/2 之间，底部丝堵无渗漏。

5）清理场地

清洁现场，收拾工具，做好相应记录。

4. 考核规定说明

（1）如操作违章，将停止考核。

（2）考核采用百分制，考核项目得分按鉴定比重进行折算。

（3）考核方式说明：本项目为实际操作题，考核过程按评分标准及操作过程进行评分。

（4）测量技能说明：本项目主要测试考生对单级泵更换机油操作技能掌握的熟练程度。

5. 考核时限

（1）准备工作：1min（不计入考核时间）。

（2）正式操作时间：10min。

（3）提前完成操作不加分，到时停止操作考核。

6. 评分记录表

更换单级离心泵机油操作评分记录表

操作时间：10min　　　　考生：　　　　操作用时：

序号	考核内容	操作规程	评分要素	评分标准	配分	扣分	得分
1	准备	1. 穿戴好劳动保护用品； 2. 准备工具：大布、手套、机油、生料带、清洗剂、活动扳手、机油壶、污油盆、警示牌、试电笔、绝缘手套	准备工具、用具	1. 劳保穿戴不整齐扣5分； 2. 未准备工具扣5分，多、少一件扣1分	5		
2	切换流程	1. 切换备用流程，待运行参数满足工艺要求时，停运待修泵； 2. 停运待修泵，切断电源，挂警示牌； 3. 关闭泵进出口阀门	按操作规程切换流程	1. 未切换备用流程终止操作，停泵时机不符合要求扣5分； 2. 未按操作规程停泵扣3分； 3. 未切断电源扣5分，未悬挂警示牌扣5分； 4. 阀门开关不规范，一次扣2分	20		
3	更换操作	1. 放置污油盆，卸掉放油丝堵进行放油； 2. 打开机油室顶部加油盖子彻底放尽； 3. 用清洗剂清洗机油室； 4. 安装机油室底部丝堵； 5. 开始加油（注意观察油位控制在1/2～2/3之间，加油时不能发生溢流）； 6. 安装顶部加油盖	按更换操作规程进行操作	1. 放、加油时发生喷溅，一次扣3分； 2. 机油未放净扣5分； 3. 机油室清洗不干净扣5分； 4. 加油过量发生溢流扣15分； 5. 液位不符合要求扣5分； 6. 加油前未安装底部丝堵扣15分	45		
4	启泵	1. 摘除警示牌； 2. 盘泵，送电、启泵； 3. 观察泵运行情况，油位控制在视窗的1/2～2/3之间，底部丝堵无渗漏	启泵操作	1. 未摘除警示牌扣5分； 2. 启泵操作不规范，一处扣5分； 3. 未观察油位扣5分； 4. 底部丝堵渗漏扣5分	25		
5	清理场地	1. 清洁回收工具、用具； 2. 做好保养的记录； 3. 打扫现场卫生	做好完整的保养记录	1. 未清理现场扣除5分； 2. 工具少收一件扣除2分； 3. 未完整填写记录扣5分，少填一项记录扣2分	5		

续表

序号	考核内容	操作规程	评分要素	评分标准	配分	扣分	得分
6	安全文明操作	1. 遵守国家或企业有关安全规定； 2. 操作过程中严格遵守“四不伤害”原则	遵守国家或企业有关安全规定	1. 不正确使用工具、用具，一次从总分中扣2分，最多扣20分； 2. 劳保穿戴不全，从总分中扣5分； 3. 因操作不当造成人身伤害，从总分中扣20分； 4. 严重违规取消考核			
备注							
合　计					100		

考评员：　　　　核分员：　　　　年　月　日

四十三、更换加热炉磁浮液位计操作

1. 考核要求

(1) 必须穿戴劳动保护用品。
(2) 工具、量具、用具准备齐全，正确使用。
(3) 操作规程符合安全文明操作。
(4) 按规定完成操作项目，质量达到技术要求。
(5) 操作完毕，做到“工完、料净、场地清”。

2. 准备要求

(1) 设备准备：

序 号	名 称	规 格	数 量	备 注
1	加热炉	SC-2-FZ-4000/2.5/1.6-Q	1套	

(2)材料准备：

序 号	名 称	规 格	数 量	备 注
1	大布		若干	
2	手套		若干	
3	润滑脂		若干	
4	同型号液位计		1个	
5	金属垫片		2个	

(3)工具、用具准备：

序 号	名 称	规 格	数 量	备 注
1	开口扳手		1套	
2	梅花扳手		1套	
2	平口螺丝刀	300mm	1把	
3	三角刮刀		1把	
4	污油桶		1个	
5	钢板尺	300mm(精度 1mm)	1把	
6	划规		1把	
7	剪刀		1把	

3. 操作程序说明

1）检查工具、用具

检查各工具、用具及可用性，须符合本次操作使用要求。

2）组装检查新液位计

（1）检查液位计型号、量程与旧液位计相同。

（2）检查浮球无裂痕。

（3）检查浮筒内是否清洁，无杂物。

（4）将液位计浮球装入浮筒内(磁极朝上)，活动浮球检查显示板是否变色。

（5）检查正常后，安装底部法兰，对角上紧螺栓。

（6）检查显示板全是白色。

（7）浮球应轻拿轻放，以免损坏。

3）倒流程操作

（1）先关闭下流阀门，后关上流阀门，阀门应处于完全关闭状态。

（2）开放空阀门泄压至污油桶内。

（3）有上部丝堵的，应卸掉上部丝堵。

4）卸上下法兰，取出旧法兰垫片

（1）用扳手对角卸掉下流阀门法兰螺栓。

（2）用扳手对角卸掉上流阀门法兰螺栓。

（3）取下法兰垫片。

5）清理法兰密封面

（1）用三角刮刀清理密封面，清理水线，水线应明显显露出来。

（2）用干净的大布将法兰密封面清理干净。

6）选择法兰垫片

（1）用钢板尺测量法兰的内外径尺寸。

（2）根据尺寸选择合适垫片。

7）安装液位计

（1）在法兰垫片两面均匀涂抹黄油。

（2）先连接液位计上法兰，带上 3 个螺栓。

（3）连接液位计下法兰，带上 3 个螺栓。

（4）在两法兰之间加密封垫并调整至中间位置，用手对角均匀拧紧螺栓。

（5）用扳手对角均匀紧固螺栓。

8）试压

（1）关放空阀门。

（2）先缓慢打开上流阀门，对液位计进行试压，不渗不漏后开下流阀门观察液位至稳定状态。

（3）若试压过程中发现渗漏，应关闭上流阀门泄压后再对法兰进行紧固，试压合格后，开启上下流阀门。

9）清理场地

清洁现场，收拾工具，做好相应记录。

4. 考核规定说明

（1）如操作违章，将停止考核。

（2）考核采用百分制，考核项目得分按鉴定比重进行折算。

（3）考核方式说明：本项目为实际操作题，考核过程按评分标准及操作过程进行评分。

（4）测量技能说明：本项目主要测试考生对更换磁浮子液位计操作技能掌握的熟练程度。

5. 考核时限

（1）准备工作：1min（不计入考核时间）。

（2）正式操作时间：20min。

（3）提前完成操作不加分，到时停止操作考核。

6. 评分记录表

更换加热炉磁浮液位计评分记录表

操作时间：20min 考生： 操作用时：

序号	考核内容	操作规程	评分要素	评分标准	配分	扣分	得分
1	准备	1. 穿戴好劳动保护用品； 2. 准备工具：大布、手套、润滑脂、同型号液位计、石棉板、开口扳手、梅花扳手、平口螺丝刀、三角刮刀、污油桶、钢板尺、划规、剪刀	准备工具、量具、用具	1. 劳保穿戴不整齐扣5分； 2. 未准备工具扣5分，多、少一件扣1分	5		
2	组装检查新液位计	1. 检查液位计型号、量程与旧液位计相同； 2. 检查浮球无裂痕； 3. 检查浮筒内是否清洁，无杂物； 4. 将液位计浮球装入浮筒内（磁极朝上），活动浮球检查显示板是否变色； 5. 检查正常后，安装底部法兰，对角上紧螺栓； 6. 检查显示板全是白色； 7. 浮球应轻拿轻放，以免损坏	组装液位计并对液位计进行检查	1. 未检查新液位计型号、量程扣5分； 2. 未检查浮球扣2分； 3. 未检查浮筒扣2分； 4. 浮球方向安装错误扣2分，未活动浮球检查面板扣2分； 5. 未对角上螺栓扣2分； 6. 未检查面板扣2分； 7. 磕碰浮球，一次扣2分	10		
3	倒流程操作	1. 先关闭下流阀门，后关上流阀门，阀门应处于完全关闭状态； 2. 开放空阀门泄压至污油桶内； 3. 有上部丝堵的，应卸掉上部丝堵	关闭上下流阀门，泄压	1. 未关上下流阀门，该项不得分； 2. 上下流阀门开关顺序错扣3分； 3. 开关方向错一次扣2分； 4. 阀门未关严扣2分； 5. 未放空泄压扣5分	10		

续表

序号	考核内容	操作规程	评分要素	评分标准	配分	扣分	得分
4	卸上下法兰，取出法兰垫片	1. 用扳手对角卸掉下流阀门法兰螺栓； 2. 用扳手对角卸掉上流阀门法兰螺栓； 3. 取出法兰垫片	卸下法兰连接螺栓，取出法兰垫片	1. 未对角卸松螺栓扣 2 分； 2. 上下流阀门拆卸顺序错扣 3 分	5		
5	清理法兰密封面	1. 用三角刮刀清理密封面，清理水线，水线应明显显露出来； 2. 用干净的大布将法兰密封面清理干净	清理法兰密封面	1. 法兰面未清理干净，一个扣 5 分； 2. 未清理出水线，一条扣 3 分	10		
6	选择法兰垫片	1. 用钢板尺测量法兰的内外径尺寸； 2. 根据测量尺寸选择合适的垫片	正确使用钢板尺测量；选择合格的法兰垫片	1. 测量尺寸超过内外径误差范围（± 2mm），一个扣 5 分； 2. 垫片选择不合适此项不得分	15		
7	安装液位计	1. 在法兰垫片两面均匀涂抹黄油； 2. 先连接液位计上法兰，带上 3 个螺栓； 3. 连接液位计下法兰，带上 3 个螺栓； 4. 在两法兰之间加密封垫并调整至中间位置，用手对角拧紧螺栓； 5. 用扳手对角均匀紧固螺栓	法兰垫片两面涂抹黄油，对角上紧螺栓	1. 法兰垫片未涂抹黄油扣 5 分，涂抹不均匀一面扣 3 分； 2. 液位计装反、未安装法兰垫片该项不得分； 3. 安装步骤错误扣 5 分； 4. 未对角均匀紧固螺栓扣 5 分； 5. 法兰垫片未在中间位置扣 2 分(一侧超出 5mm)	25		
8	试压	1. 关放空阀门； 2. 先缓慢打开上流阀门，对液位计进行试压，不渗不漏后开下流阀门观察液位至稳定状态； 3. 若试压过程中发现渗漏，应关闭上流阀门泄压后再对法兰进行紧固，试压合格后，开启上下流阀门	关放空，开上下流阀门试压	1. 未关放空扣 5 分； 2. 开关阀门顺序错误扣 5 分； 3. 不泄压紧固法兰螺栓扣 10 分； 4. 法兰渗漏扣 5 分，刺漏(连续水线)扣 10 分	15		

续表

序号	考核内容	操作规程	评分要素	评分标准	配分	扣分	得分
9	清理场地	清洁现场，收拾工具，做好相应记录	收拾工具，清洁场地	1. 未清理现场扣5分； 2. 工具少收一件，从总分中扣2分	5		
10	安全文明操作	1. 遵守国家或企业有关安全规定； 2. 操作过程中严格遵守“四不伤害”原则	遵守国家或企业有关安全规定	1. 每违反一项规定，从总分中扣5分； 2. 因操作不当造成人身伤害，从总分中扣20分； 3. 严重违规取消考核； 4. 不正确使用工具、用具，扣分项在安全文明操作项内扣除，一次扣2分，最多扣20分			
备注							
合　计					100		

考评员：　　　　　　核分员：　　　　　　年　月　日

四十四、多级离心泵的二级保养操作

1. 考核要求

(1) 穿戴劳动保护用品。
(2) 工具、量具、用具准备齐全，正确使用。
(3) 操作规程符合安全文明操作。
(4) 按规定完成操作项目，质量达到技术要求。
(5) 操作完毕，做到“工完、料净、场地清”。

2. 准备要求

(1) 设备准备：

序 号	名 称	规 格	数 量	备 注
1	多级离心泵		1套	

(2)材料准备：

序 号	名 称	规 格	数 量	备 注
1	大布		若干	
2	手套		若干	
3	润滑脂		若干	
4	密封垫		若干	
5	清洗剂		若干	
6	盘根	5×5、8×8、10×10	若干	
7	铅丝	0.5mm	若干	

(3)工具、用具准备：

序 号	名 称	规 格	数 量	备 注
1	活动扳手	375mm	2把	
2	开口扳手		1套	
3	梅花扳手		1套	
4	平口螺丝刀	300mm	2把	
5	游标卡尺	150mm	1把	
6	千分尺		1把	
7	撬杠	1m	1根	

续表

序号	名称	规格	数量	备注
8	榔头		1把	
9	拉力器		1个	
10	铜棒	ϕ40mm、ϕ10mm	各1根	
11	顶丝		4个	
12	电工刀		1把	
13	勾头扳手		1把	
14	警示牌		1块	
15	油盆		1个	
16	橡皮锤		1把	
17	平衡盘拉杆		2个	
18	管钳	24″(1″=2.54cm)	1把	
19	粉笔		若干	
20	垫铁		若干	
21	毛刷		1把	
22	掏盘根工具		1把	

3. 操作程序说明

1）检查工具、用具

（1）检查各工具、用具及可用性，须符合本次操作使用要求。

（2）游标卡尺、千分尺要有校验合格证，并在鉴定期限内，量具刻度清晰，使用灵活，测量面无杂物，无透光现象(逐一检查，边检查边口述)。

2）停泵

口述(离心泵二保为泵运行3000h的强制保养，同时完成一保的所有内容)，停泵、断电、挂警示牌、泵体放空、拆进出口管线、卸开地脚螺栓、机泵错位90°，在泵体、轴承托架、轴承端盖、尾盖上做好记号。

3）拆卸高压端

用扳手卸下轴承端盖固定螺丝，取下轴承端盖，用勾头扳手拆下轴承背帽，用开口扳手拆下轴承托架的紧固螺丝后，用顶丝将托架顶出，取下轴承托架，用铜棒轻轻敲击轴承，将轴承取下。

4）拆卸平衡盘、叶轮

（1）拆下盘根压盖，用专用工具将盘根取出，用顶丝将尾盖顶出，取下尾盖，将轴套卸松后取下，用专用工具将平衡盘取下。

（2）垫好垫铁，用活动扳手拆下穿杆，用铜棒轻轻敲击高压端的凸起后取下后段，用橡胶锤敲击后，起子轻轻撬动，取下叶轮，取出键，依次拆下两个中段。

5）清洗零部件

清洗离心泵的所有部件，并对清洗后的叶轮和中段进行编号。

6）检查各零部件

（1）检查泵轴：泵轴无裂纹、无磨损。

（2）检查平衡盘：平衡盘无磨损和腐蚀，与平衡板接触面达到 80%以上。

（3）检查叶轮：叶轮无裂纹、磨损、擦伤和锈蚀等缺陷，油道光滑无堵塞。

（4）检查口环间隙：口环间隙在 0. 3~0. 6mm 以内。

（5）检查轴承间隙：轴承间隙应在 0. 16~0. 24mm 以内。

（6）检查其他各零部件是否符合要求。

7）装配

（1）按照先拆后装，后拆先装的顺序进行装配。

（2）依次装好叶轮、中段（加第一个青稞纸垫子，涂抹润滑脂）、键和尾段，上好穿杆，对角紧固，去掉垫铁。

（3）测量泵的半窜量（半窜量应在 2~4mm 之间）。

（4）装上平衡盘、轴套；

（5）测量泵的全窜量（全窜量应在 2~6mm 之间）。

（6）装上尾盖，切割盘根，切口 30°~45°，装盘根时切口应相错 90°~120°，装好盘根压盖，装上轴承托架，上好托架紧固螺丝。

（7）保养轴承，加注轴承容积 80%的润滑脂，手工装配轴承，使用“m”字形敲击法，用细铜棒敲击轴承内圆，将轴承装入托架内，上好轴承背帽，轴承端盖加注容积室 80%的润滑脂，然后将轴承端盖螺丝对角紧固，擦除标记线。

8）启泵，试运转

（1）按泵的运转方向盘泵，盘泵 3~5 圈，无卡阻，无异响。

（2）机泵就位，紧固地角螺栓，以泵为基础调整机泵同心度。

（3）连接泵体管线，关闭泵体放空，导通流程。

（4）摘牌、送电、启泵。

9）现场清洁

收拾工具，清理现场卫生，填写保养记录。

4. 考核规定说明

（1）如操作违章，将停止考核。

（2）扣分标准：以本项操作为标准，做错本项时只扣本项分，扣完为止，不扣超出本项的分；规定时间终结停止操作，以前面正确操作的分数相加为总得分，终止操作后的项目不得分。

（3）考核方式说明：本项目为实际操作题，考核过程按评分标准及操作过程进行评分。

（4）测量技能说明：本项目主要测试考生对本项目的操作熟练程度和测量用具的使用熟悉程度。

5. 考核时限

（1）准备工作：1min（不计入考核时间）。

（2）正式操作时间：35min。

(3) 提前完成操作不加分，到时停止操作考核。

6. 评分标准

多级离心泵的二级保养操作评分记录表

操作时间：35min　　　　考生：　　　　操作用时：

序号	考核内容	操作规程	评分要素	评分标准	配分	扣分	得分
1	准备	1. 穿戴好劳动保护用品； 2. 准备工具：油盆、橡皮锤、平衡盘拉杆、管钳、粉笔、垫铁、毛刷、掏盘根工具、活动扳手、开口扳手、梅花扳手、平口螺丝刀、游标卡尺、千分尺、撬杠、榔头、拉力器、铜棒、顶丝、电工刀、勾头扳手、警示牌、大布、手套、润滑脂、密封垫、清洗剂、盘根、铅丝	劳保穿戴齐全，工具、用具准备齐全	1. 劳保穿戴不整齐扣5分； 2. 未准备工具扣5分，多、少一件扣1分	5		
2	停泵	口述：离心泵二级保养为泵运行3000h的强制保养，同时完成一级保养所有内容，停泵、断电、挂警示牌、打开泵体放空、拆进出口管线、卸开地脚螺栓，机泵错位	口述内容齐全、顺序正确	1. 未口述停泵、断电扣10分； 2. 未挂警示牌扣5分； 3. 其余口述少一项扣2分	10		
3	拆卸高压端	拆高压端，卸轴承端盖，轴承背帽，用顶丝取下轴承托架；将轴承取出，取下盘根压盖(沿轴向)，掏出全部盘根，用顶丝顶出尾端，卸下轴承	拆卸方法及顺序	1. 拆卸方法不正确，一次扣5分； 2. 不用顶丝拆卸轴承托架和尾端扣5分； 3. 不取出轴承扣5分； 4. 不掏盘根扣5分； 5. 拆卸顺序不正确扣5分	15		
4	拆卸平衡盘、叶轮	拆平衡盘；垫好垫铁，拆下穿杆；用铜棒轻敲高压端的凸起取下后段；用橡皮锤敲击后，起子轻轻撬动，取下叶轮；依次拆下两个中段并做好记号	零部件拆卸方法	1. 平衡盘取不下扣5分； 2. 不垫垫铁扣2分； 3. 其余零部件取不下来的，一件扣2分； 4. 拆卸方法不正确，一次扣5分； 5. 未做标记，一处扣2分	20		
5	清洗零部件	清洗拆下的后部中段和轴承，口述：清洗机泵其他部件	零部件清洗齐全、干净	1. 口述少清洗一件扣2分； 2. 未清洗或清洗中段和轴承不干净，一件扣5分； 3. 叶轮和中段清洗后未做标记，一处扣2分	10		

续表

序号	考核内容	操作规程	评分要素	评分标准	配分	扣分	得分
6	检查各零部件	1. 检查泵轴，口述：泵轴无裂纹、无磨损； 2. 检查平衡盘，口述：平衡盘无磨损和腐蚀，与平衡板接触面达到80%以上； 3. 检查叶轮，口述：叶轮无裂纹、磨损、擦伤和锈蚀等缺陷，油道光滑无堵塞； 4. 检查口环间隙，口述：口环间隙在0.3～0.6mm以内； 5. 检查轴承间隙，口述：轴承间隙应在0.16～0.24mm以内； 6. 检查其他各零部件是否符合要求	测量间隙方法，零部件检查齐全	1. 未检查泵轴扣3分，未口述扣2分； 2. 未检查平衡盘扣3分，未口述或口述不全扣2分； 3. 未检查叶轮扣3分，未口述或口述不全扣2分； 4. 未检查口环间隙扣3分，未口述标准值扣2分； 5. 未检查轴承间隙扣3分，不会用压铅法测量扣3分，未口述标准值扣2分； 6. 检查其他各零部件少一件扣2分	10		
7	装配	1. 口述：按照先拆后装，后拆先装的顺序进行装配； 2. 依次装好叶轮、中段加第一个青稞纸垫子，涂抹润滑脂)、键和尾段，上好穿杆，对角紧固，去掉垫铁； 3. 口述：测量泵的半窜量，半窜量应在2～4mm之间； 4. 装上平衡盘、轴套； 5. 测量泵的全窜量，口述：全窜量应在2～6mm之间； 6. 装上尾盖，切割盘根，切口30°～45°(同时口述标准值)，装盘根时切口应相错90°～120°(同时口述标准值)，装好盘根压盖，装上轴承托架，上好托架紧固螺丝； 7. 保养轴承，加注轴承容积80%的黄油(同时口述)，手工装配轴承，使用"m"字形敲击法，用细铜棒敲击轴承内圆，将轴承装入托架内，上好轴承背帽，轴承端盖加注容积室80%的黄油(同时口述)，然后将轴承端盖螺丝对角紧固，擦除标记线	安装顺序正确、盘根切口及安装方法、掌握全窜、半窜量标准	1. 未口述安装顺序扣2分； 2. 未依次安装，少一项扣2分； 3. 未口述测量泵的半窜量扣5分； 4. 未装平衡盘、轴套，少一处扣2分； 5. 未口述测量泵的全窜量扣5分； 6. 切割盘根不符合要求扣2分；安装装盘根不符合要求扣2分；未口述标准值，少一项扣1分；盘根压盖安装不符合要求扣2分； 7. 未保养轴承扣5分，润滑脂加注不符合要求，一处扣1分；未正确安装轴承安装扣2分；未擦除标记线扣1分	20		

续表

序号	考核内容	操作规程	评分要素	评分标准	配分	扣分	得分
8	启泵，试运转	1. 按泵的运转方向盘泵，盘泵 3～5 圈，无卡阻，无异响； 2. 口述：机泵就位，紧固地角螺栓，以泵为基础调整机泵同心度； 3. 口述：连接泵体管线，关闭泵体放空，导通流程； 4. 摘牌、送电、启泵	倒流程、启泵步骤	1. 未正确盘扣 2 分； 2. 未口述机泵就位扣 2 分； 3. 未口述：连接泵体管线，关闭泵体放空，导通流程扣 2 分； 4. 未摘牌、送电、启泵，少一项扣 1 分	5		
9	清理现场	1. 清洁收回工具； 2. 填写相关记录	收拾工具，清理场地	1. 未清理现场扣除 3 分； 2. 工具少收一件扣 1 分； 3. 未填写报表扣 2 分	5		
10	安全文明操作	1. 遵守国家或企业有关安全规定； 2. 操作过程中严格遵守“四不伤害”原则	遵守国家或企业有关安全规定	1. 不正确使用工具、用具，一次从总分中扣 2 分，最多扣 20 分； 2. 劳保穿戴不全，从总分中扣 5 分； 3. 因操作不当造成人身伤害，从总分中扣 20 分； 4. 严重违规取消考核			
备注							
合　计					100		

考评员：　　　　核分员：　　　　年　月　日

7. 报表

离心泵二级保养操作记录表

保养人		保养项目		时间	
泵编号		口环间隙		轴承间隙	
半窜量		更换零件		备注	

四十五、大罐三级取样操作

1. 考核要求

(1) 必须穿戴劳动保护用品。
(2) 工具、量具、用具准备齐全，正确使用。
(3) 操作规程符合安全文明操作。
(4) 按规定完成操作项目，质量达到技术要求。
(5) 操作完毕，做到“工完、料净、场地清”。

2. 准备要求

(1)设备准备：

序　号	名　称	规　格	数　量	备　注
1	油罐		1座	

(2)材料准备：

序　号	名　称	规　格	数　量	备　注
1	大布		若干	
2	防油手套		1副	
3	清洗油		若干	
4	纸		若干	
5	笔		1支	

(3)工具、用具准备：

序　号	名　称	规　格	数　量	备　注
1	量油尺	20m(精度1mm)	1把	
2	取样器		1个	
3	计算器		1个	
4	污油桶		1个	
5	清洗盆		1个	
6	三格托盘		1个	
7	取样桶		3个	有上、中、下标签

3. 操作程序说明

1）检查工具、用具

检查各工具、用具及可用性，须符合本次操作使用要求。

2）上罐前准备

（1）检查量油尺检查合格证、校验日期、连接是否牢固、尺身和铜锤刻度是否清晰、尺身无折扭、收放灵活，铜锤与尺身连接牢固，取样器与取样桶清洁干燥符合要求。

（2）正确使用三格托盘(一格放工具、一格放纸笔计算器、一格放测量仪器仪表)。

（3）口述：油罐静置30min以上方可检尺，上罐5项安全规定(5级以上大风禁止上罐，严禁穿带铁钉的鞋上罐，一次上罐不得超过3人，严禁在罐顶跑跳，夜间上罐前应先将手电筒打开)。

（4）硫化氢井站须佩戴好正压式呼吸器和硫化氢检测仪。

3）上罐检尺

（1）根据液位计显示，估计大罐液位。

（2）释放静电。

（3）上罐时一手扶盘梯，一手提托盘。

（4）上罐后观察风向，应站在上风口，卸松量油孔盖螺栓，用脚打开量油口，口述：量油孔气体充分扩散后方可量油。

（5）把量油尺从量油口检尺槽平稳下入，铜锤接触到油面后正确读取量油尺尺身读数。

（6）提尺时连续擦尺身，正确读取铜锤沾油读数；

（7）复尺，重复步骤(5)、(6)。

（8）计算：液位高度 h 公式计算为 $h=H-H_1+H_2$，两次测量结果符合要求(差值>2mm重新检尺；两次测的值为1~2mm时，测取两次测值的算数平均值作为计量罐内液位高度，两次测的值≤1mm时则以前次测得值作为计量罐内液位高度)。

4）油罐取样

（1）根据所测得的实际液位确定取样位置(液位在3m以下，在液位的1/2处取一个样，液位在3m以上，在液位的1/6、1/2、5/6处各取一个样)。

（2）计算取样下尺液位(液位在3m以下，$h_1=h_{空}+\frac{1}{2}h$；液位在3m以上，$h_1=h_{空}+\frac{1}{6}h$，$h_2=h_{空}+\frac{1}{2}h$，$h_3=h_{空}+\frac{5}{6}h$)。

（3）下取样器至规定液位：塞好取样器塞，释放取样器静电，把取样器从量油口检尺槽平稳下至规定位置，若未下到位出现气泡须提出取样器重新下。

（4）上提取样绳，幅度不宜过大(<30cm)，当出现气泡时平稳上提取样器，并去除取样绳上的原油。

（5）根据取样位置将油样倒入相应的取样桶内(取一个样，倒入贴有中字的取样桶内；取3个样，1/6倒入贴有上字的取样桶内、1/2倒入贴有中字的取样桶内、5/6倒入贴有下字的取样桶内)，盖好取样桶盖。

5）罐上清理卫生

（1）用脚盖上量油口盖，并上紧量油孔松紧螺栓。

（2）清理罐顶及量油口卫生。

（3）下罐时一手提托盘，一手扶盘梯。

6）清洁回收工具

（1）正确拆卸测温盒。

（2）清洗其他工具并归位。

（3）将所取油样送化验站。

4. 考核规定说明

（1）如操作违章，将停止考核。

（2）考核采用百分制，考核项目得分按鉴定比重进行折算。

（3）考核方式说明：本项目为实际操作题，考核过程按评分标准及操作过程进行评分。

（4）测量技能说明：本项目主要测试考生对大罐检尺、取样、测温计技能掌握的熟练程度。

5. 考核时限

（1）准备工作：1min（不计入考核时间）。

（2）正式操作时间：25min。

（3）提前完成操作不加分，到时停止操作考核。

6. 评分记录表

大罐三级取样操作评分记录表

操作时间：25min　　　　考生：　　　　操作用时：

序号	考核内容	操作规程	评分要素	评分标准	配分	扣分	得分
1	准备	1. 穿戴好劳动保护用品； 2. 准备工具：大布、防油手套、清洗油、纸、笔、量油尺、取样器、计算器、污油桶、清洗盆、三格托盘、取样桶	准备工具、量具、用具	1. 劳保穿戴不整齐扣5分； 2. 未准备工具扣5分，多、少一件扣1分	5		
2	上罐前准备	1. 检查量油尺检查合格证、校验日期、连接是否牢固、尺身和铜锤刻度是否清晰、尺身无折扭、收放灵活，铜锤与尺身连接牢固，取样器与取样桶清洁干燥符合要求；	上罐前检查及正确使用工具	1. 未检查工具，少一项扣2分； 2. 工具、用具混放扣3分；	15		

续表

序号	考核内容	操作规程	评分要素	评分标准	配分	扣分	得分
2	上罐前准备	2. 正确使用三格托盘(一格放工具、一格放纸笔计算器、一格放测量仪器仪表)； 3. 口述：油罐静置 30min 以上方可检尺，上罐 5 项安全规定 5 级以上大风禁止上罐，严禁穿带铁钉的鞋上罐，一次上罐不得超过 3 人，严禁在罐顶跑跳；夜间上罐前应先将手电筒打开； 4. 口述：硫化氢井站须佩戴好正压式呼吸器和硫化氢检测仪	上罐前检查及正确使用工具	3. 口述少一项扣 2 分	15		
3	上罐检尺	1. 根据液位计显示，估计大罐液位； 2. 释放静电； 3. 上罐时一手扶盘梯，一手提托盘； 4. 上罐后观察风向，应站在上风口，卸松量油孔盖螺栓，用脚打开量油口，口述：量油孔气体充分扩散后方可量油； 5. 把量油尺从量油口检尺槽平稳下入，铜锤接触到油面后正确读取量油尺尺身读数； 6. 提尺时连续擦尺身，正确读取铜锤沾油读数； 7. 复尺，重复步骤(5)、(6)； 8. 计算：液位高度 h 公式计算为 $h=H-H_1+H_2$，两次测量结果符合要求(差值>2mm 重新检尺；两次测的值为 1~2mm 时，测取两次测值的算数平均值作为计量罐内液位高度，两次测的值≤1mm 时，则以前次测得值作为计量罐内液位高度)	上罐检尺操作	1. 未估计液位扣 2 分； 2. 未释放静电扣 5 分； 3. 上罐未手扶盘梯扣 5 分； 4. 上罐后为未观察风向扣 3 分，未站在上风口扣 5 分，未口述扣 1 分； 5. 未用脚打开量油口盖扣 5 分； 6. 下尺位置不正确扣 5 分，滑尺扣 3 分； 7. 铜锤刻度未沾油或沾油超过铜锤刻度扣 3 分； 8. 提尺未连续擦尺身扣 2 分； 9. 未按规定读取数值扣 2 分； 10. 未按规定读取沾油刻度扣 2 分； 11. 记录数值与实测数值不符扣 3 分； 12. 未复尺扣 5 分； 13. 两次测量超过误差值扣 3 分； 14. 未写公式扣 3 分，公式错误扣 2 分，计算结果错误扣 5 分	35		

续表

序号	考核内容	操作规程	评分要素	评分标准	配分	扣分	得分
4	油罐取样	1. 根据所测得的实际液位确定取样位置； 2. 计算取样下尺液位 3. 下取样器至规定液位 4. 上提取样绳，幅度不宜过大（<30cm），当出现气泡时平稳上提取样器，并去除取样绳上的原油； 5. 根据取样位置将油样倒入相应的取样桶内，盖好取样桶盖	规范取样操作	1. 不会确定取样位置扣3分，确定错误扣2分； 2. 计算取样下尺液位未写公式扣3分，公式错误扣10分，计算错误扣5分； 3. 下尺取样液位误差过大扣5分（±2mm），不会下尺扣20分（±5mm）； 4. 上提取样绳幅度过大扣2分，未去除取样绳上的油污扣2分； 5. 油样未按规定倒入取样桶扣5分； 6. 未盖取样桶盖扣3分	30		
5	罐上清理卫生	1. 用脚盖上量油口盖，并上紧量油孔松紧螺栓； 2. 清理罐顶及量油口卫生； 3. 下罐时一手提托盘，一手扶盘梯	清洁罐顶，安全下罐	1. 未用脚盖量油口盖扣5分，未上紧量油孔松紧螺栓扣2分； 2. 未清理卫生扣2分； 3. 下罐时未扶盘梯扣2分	10		
6	清理现场	1. 清洁收回工具； 2. 填写相关记录	收拾工具，清理场地	1. 未清理现场扣除3分； 2. 工具少收一件扣1分； 3. 未填写报表扣2分	5		
7	安全文明操作	1. 遵守国家或企业有关安全规定； 2. 操作过程中严格遵守“四不伤害”原则	遵守国家或企业有关安全规定	1. 每违反一项规定，从总分中扣5分； 2. 因操作不当造成人身伤害从总分中扣20分； 3. 严重违规取消考核； 4. 不正确使用工具、用具，扣分项在安全文明操作项内扣除，一次扣2分，最多扣20分			
备注							
合　计					100		

考评员：　　　　核分员：　　　　年　月　日

四十六、过滤罐反冲洗(水处理)操作

1. 要求

(1) 必须穿戴劳动保护用品。
(2) 工具、量具、用具准备齐全，正确使用。
(3) 操作规程符合安全文明操作。
(4) 按规定完成操作项目，质量达到技术要求。
(5) 操作完毕，做到“工完、料净、场地清”。

2. 准备要求

(1)设备准备：

序　号	名　称	规　格	数　量	备　注
1	过滤器	SC-1-ZP-200/4.0-Q(S)	1套	阀门由气动控制

(2)材料准备：

序　号	名　称	规　格	数　量	备　注
1	大布		若干	
2	手套		若干	

(3)工具、用具准备：

序　号	名　称	规　格	数　量	备　注
1	F扳手	450mm	1把	
2	活动扳手		1套	
3	报表		若干	
4	笔		1支	
5	绝缘手套		1副	
6	硫化氢检测仪	便携式	1台	

3. 操作程序说明

1) 检查工具、用具
检查各工具、用具及可用性，须符合本次操作使用要求。
2) 检查
(1) 了解过滤器的使用情况，如现场设备是自动模式运行，就应将其转换成手动模式。

（2）了解过滤器反冲洗罐的水质情况是否达标。

（3）检查反冲洗加药罐的药量是否充足，颜色是否正常，有无变质，了解每小时的加药量，药剂的型号和液位。

（4）检查反冲洗泵、加药泵工况是否符合技术要求，是否有渗漏，各连接是否紧固，各排污阀门是否关闭。

（5）压力表是否校验并在有效期内，压力表引压阀门是否打开、排污阀门是否关闭；取样阀门是否关闭。

（6）了解下游污水池液位情况。

（7）了解每个罐的反冲洗时间和反冲洗顺序。

3）收油

（1）了解污油池液位，在过滤器控制柜上打开 1 号过滤器的收油阀门。

（2）观察收油口水质情况，待水质稳定关闭 1 号过滤器的收油阀。

4）倒流程操作

（1）先打开反冲洗罐水出口阀门，打开反冲洗出口管线进污水回收池阀门。

（2）在过滤器控制柜上先关闭 1 号过滤器的生产进口管线气动阀门，观察压力，如果压力持续上升超过规定值或单台设备运行就应打开旁通，关闭 1 号过滤器生产出口阀门。

（3）在过滤器控制柜上打开 1 号过滤器反冲洗出口阀门，听出口管线是否有过液声，观察污水池液位是否上涨，如果长时间液位上涨，就应及时关闭反冲洗出口阀门，排除原因后方可继续操作，污水池液位经确认不再上涨后打开 1 号过滤器反冲洗进口阀门，并在现场确认进出口气动阀的开关状态是否正确。

5）检查反冲洗泵和加药泵

（1）打开反冲洗泵进口阀门，并用排气阀将泵内的余气排除使泵体内充满液。

（2）打开加药罐出口阀门、打开加药泵进口阀门、打开泵出口阀门，将加药泵的加药量调至设定值。

6）反冲洗操作

（1）在反冲洗起动柜上按下启动按钮，等出口压力稳定且到规定值时，缓慢打开出口阀门，将出口压力调至规定值。

（2）现场观察 1 号过滤器各联结处是否有渗漏和异常情况，污水池液位是否上涨，并观察液位，如果超过规定的高度应及时起污水回收泵。

（3）反冲洗压力、污水回收池液位正常后，启动加药泵。

（4）在反冲洗取样口观察水质，到达规定的反冲洗时间且反冲洗水质达到要求后，停加药泵，停反冲洗泵，并关闭反冲洗泵出口阀门。

（5）在过滤器控制柜上关闭 1 号过滤器反冲洗出口和出口阀门，并在现场确认气动阀门的开关状态，了解污水回收池，液位停止上涨。

（6）在过滤器控制柜上打开 1 号过滤器生产出口阀门，观察污水回收池液位是否有变动，若无异常在过滤器控制柜上打开 1 号过滤器生产进口阀门，并观察现场压力。

（7）依次对 2 号、3 号……过滤器进行反冲洗操作。

7）恢复流程

所有过滤器反冲洗罐冲洗完毕后，关闭加药泵进出口阀门，加药罐出口阀门，反冲洗泵进口阀门，反冲洗罐出口阀门，反冲洗出口进污水回收池阀门。

8）清理现场

（1）清洁收回工具。

（2）填写相关记录。

4. 考核规定说明

（1）如操作违章，将停止考核。

（2）考核采用百分制，考核项目得分按鉴定比重进行折算。

（3）考核方式说明：本项目为实际操作题，考核过程按评分标准及操作过程进行评分。

（4）操作技能说明：本项目主要测试考生对过滤器设备的检查和操作熟练程度。

5. 考核时限

（1）准备工作：1min（不计入考核时间）。

（2）正式操作时间：30min。

（3）提前完成操作不加分，到时停止操作考核。

6. 评分记录表

过滤罐反冲洗（水处理）操作评分记录表

操作时间：30min　　考生：　　操作用时：

序号	考核内容	操作规程	评分要素	评分标准	配分	扣分	得分
1	准备	1. 穿戴好劳动保护用品； 2. 准备工具：硫化氢检测仪、大布、手套、F扳手、活动扳手、报表、笔、绝缘手套、过滤器	准备工具、量具、用具	1. 劳保穿戴不整齐扣5分； 2. 未准备工具扣5分，多、少一件扣1分	5		
2	检查	1. 了解过滤器的使用情况如现场设备是自动模式运行，就应将其转换成手动模式； 2. 了解过滤器反冲洗罐的水质情况是否达标； 3. 检查反冲洗加药罐的药量是否充足，颜色是否正常，有无变质，了解每小时的加药量，药剂的型号和液位； 4. 检查反冲洗泵、加药泵工况是否符合技术要求，是否有渗漏，各联接是否紧固，各排污阀门是否关闭；	各项检查应符合技术要求	1. 在检查中应采用现场检查，漏检一项扣1分； 2. 未切换运行模式，本项不得分； 3. 未检查上游水质，本项不得分； 4. 未检查清洗剂药剂质量，本项不得分	15		

续表

序号	考核内容	操作规程	评分要素	评分标准	配分	扣分	得分
2	检查	5. 压力表是否校验并在有效期内，压力表引压阀门是否打开、排阀门是否关闭，取样阀门是否关闭； 6. 了解下游污水池液位情况； 7. 了解每个罐的反冲洗时间和反冲洗顺序	各项检查应符合技术要求		15		
3	收收油	1. 了解污油池液位，在过滤器控制柜上打开 1 号过滤器的收油阀门； 2. 观察收油口水质情况，待水质稳定关闭 1 号过滤器的收油阀	根据水质情况来确定收油时间	未观察水质或收油时间，未达到技术要求，本项不得分	10		
4	倒流程操作	1. 先打开反冲洗罐水出口阀门，打开反冲洗出口管线进污水回收池阀门； 2. 在过滤器控制柜上先关闭 1 号过滤器的生产进口管线气动阀门，观察压力，如果压力持续上升超过规定值或单台设备运行就应打开旁通，关闭 1 号过滤器生产出口阀门； 3. 在过滤器控制柜上打开 1 号过滤器反冲洗出口阀门，听出口管线是否有过液声，观察污水池液位是否上涨，如何长时间液位上涨，就应及时关闭反冲洗出口阀门，排除原因后方可继续操作，污水池液位经确认不再上涨后打开 1 号过滤器反冲洗进口阀门，并在现场确认进出口气动阀的开关状态是否正确	每步操作都必须坚持先现象检查再操作再现象检查的原则，严防造成憋压	1. 每使气控阀动作一次，都须去现场确认状态是否正确，漏一次扣 5 分； 2. 每少观察一次压力扣 5 分； 3. 未打开反冲洗罐水出口阀门本项不得分； 4. 未观察污水池液位扣 5 分； 5. 操作中造成憋压终止操作	15		
5	检查反冲洗泵和加药泵	1. 打开反冲洗泵进口阀门，并用排气阀将泵内的余气排除使泵体内充满液； 2. 打开加药罐出口阀门、打开加药泵进口阀门、打开泵出口阀门，将加药泵的加药量调至设定值	操作应符合各项技术要求	1. 未排气，一次扣 5 分； 2. 加药泵流程倒错，一次扣 5 分	10		

续表

序号	考核内容	操作规程	评分要素	评分标准	配分	扣分	得分
6	反冲洗操作	1. 在反冲洗起动柜上按下起动按钮，等出口压力稳定且到规定值时，缓慢打开出口阀门，将出口压力调至规定值； 2. 现场观察 1 号过滤器各连接处是否有渗漏和异常情况，污水池液位是否上涨，并观察液位，如果超过规定的高度应及时起污水回收泵； 3. 反冲洗压力、污水回收池液位正常后，起加药泵； 4. 到达规定的反冲洗时间后，在取样口观察反冲洗水质情况，水质应稳定且合格； 5. 停加药泵，停反冲洗泵，并关闭反冲洗泵出口阀门； 6. 在过滤器控制柜上关闭 1 号过滤器反冲洗出口和出口阀门，并在现场确认气动阀门的开关状态，了解污水回收池，液位停止上涨； 7. 在过滤器控制柜上打开 1 号过滤器生产出口阀门，观察污水回收池液位是否有变动，若无异常在过滤器控制柜上打开 1 号过滤器生产进口阀门，并观察现场压力； 8. 依次对 2 号、3 号……过滤器进行反冲洗操作	冲洗要保证反冲洗出口水质合格，操作符合各项规定	1. 未调节反冲洗泵出口压力扣 2 分； 2. 未观察现场有无渗漏情况扣 5 分，遗漏一处渗漏扣 2 分； 3. 起加药泵时间不当扣 2 分； 4. 未观察水质扣 5 分； 5. 未观察污水池和反冲洗罐液位扣 5 分； 6. 在操作中造成系统憋压终止操作	20		
7	恢复流程	1. 所有过滤器反冲洗罐冲洗完毕后： 2. 关闭加药泵进出口阀门，加药罐出口阀门； 3. 关闭反冲洗泵进口阀门； 4. 关闭反冲洗罐出口阀门； 5. 关闭污水池反冲洗出口阀门	每步操作都必须坚持先现象检查再操作再现象检查的原则	1. 少关一个阀门扣 2 分； 2. 顺序错一处扣 2 分	15		
8	清理现场	1. 清洁收回工具； 2. 填写相关记录	收拾工具，清理场地	1. 未清理现场扣除 3 分； 2. 工具少收一件扣 1 分； 3. 未填写报表扣 2 分	5		

续表

序号	考核内容	操作规程	评分要素	评分标准	配分	扣分	得分
9	安全文明操作	1. 遵守国家或企业有关安全规定； 2. 操作过程中严格遵守“四不伤害”原则	遵守国家或企业有关安全规定	1. 每违反一项规定，从总分中扣5分； 2. 因操作不当造成人身伤害，从总分中扣20分； 3. 严重违规取消考核； 4. 不正确使用工具、用具，扣分项在安全文明操作项内扣除，一次扣2分，最多扣20分			
备注							
合　计					100		

考评员：　　　　核分员：　　　　年　月　日

四十七、螺杆压缩机启停操作

1. 考核要求

(1) 必须穿戴劳动保护用品。
(2) 工具、量具、用具准备齐全，正确使用。
(3) 操作规程符合安全文明操作。
(4) 按规定完成操作项目，质量达到技术要求。
(5) 操作完毕，做到“工完、料净、场地清”。

2. 准备要求

(1) 设备准备：

序号	名称	规格	数量	备注
1	螺杆压缩机	LG37/0.4	1台	

(2) 材料准备：

序号	名称	规格	数量	备注
1	大布		若干	
2	手套		若干	
3	笔		1支	
4	报表		若干	

(3) 工具、用具准备：

序号	名称	规格	数量	备注
1	F扳手		1把	
2	四合一检测仪		1台	
3	正压式呼吸器		1套	硫化氢井(站)
4	开口扳手		1套	
5	活动扳手	450mm	1把	
6	试电笔		1把	
7	绝缘手套		1只	
8	对讲机		1部	
9	管钳	28	1把	
10	污油桶	铜、铝	1个	
11	标识牌	“运行”“停运”	2块	

3. 操作程序说明

1）检查工具、用具、量具

① 检查各工具、用具及量具的可用性，须符合本次操作使用要求。

② 检查四合一检测仪有无合格证、校验标签是否在有效期内，是否符合安全要求。

③ 检查试电笔有无合格证、校验标签是否在有效期内，外观检测：外观是否完好无破损、无受潮或进水。

④ 检查绝缘手套有无合格证、校验标签是否在有效期内，检查绝缘手套气密性是否完好，是否符合安全要求。

2）启机操作

（1）检查各气源压力，电源和仪表风是否正常。

（2）检查 PLC 控制盘上所有开关位置状态，将 PLC 控制屏调整至手动状态。

（3）检查润滑油液位、温度，如润滑油温度低于 10℃启动电加热器加温(低于 10℃自动加温，高于 20℃停止加温)，润滑油液位在 1/2~2/3 之间。

（4）检查压缩机进水口水源，确认有水后关闭补水阀，打开压缩机下部排液阀将水排尽后关闭。

（5）检查压缩机出口分离器水液位在 1/4~1/2，如果低于设定值，打开补液阀注：水不要补得过多，接近设定值。

（6）检查压缩机进、出口阀及旁通阀(或入口放空阀)开关状态，旁通阀(或入口放空阀)应为开启状态。

（7）开启压缩机进、出口阀门，手动盘车 3~5 圈，无卡阻、无异响。

（8）导通润滑油流程，启动润滑油油泵，建立油压(压力控制在 0.3~0.4MPa)，启动润滑油空冷器并调节控制油温(变频控制)，预润滑运行正常后，检查润滑油箱液位不低于 1/2。

（9）闭合控制柜“总电源”转换开关，给控制柜送电；闭合控制柜“24V 电源”转换开关，给 PLC 触摸屏送电，此时“电源”指示灯亮。

（10）如果气温低，旋转控制柜上“柜体加热器”开关给控制柜内腔加热(低于 15℃加热，高于 35℃停)。

（11）检查 PLC 触摸屏上是否有报警信号存在，如有则先处理故障(根据复位→检查报警→复位)。

（12）检查机泵周围有无障碍物，通知中控室准备启泵。

（13）将 PLC 控制屏调整至手动状态，按下控制柜启动按键，启动主电机同时打开压缩机补液阀，空载运行 3~5min。

（14）根据压缩机入口压力手动调整压缩机频率，控制入口压力在正常工作范围值内，缓慢关闭旁通阀(或入口放空阀)使压缩机出口压力达到生产值。

（15）启动工艺空冷器(自动控制)。

（16）机组运行正常后，操作人员必须在现场四周巡回检查 15min(检查进出口压力、温度，润滑油系统液位、压力、温度，检查流程各连接部位无“跑、冒、滴、漏”)，待机组平稳后方可离开。

(17) 填写记录。

3) 停机操作

(1) 将 PLC 控制屏调整至手动状态，手动缓慢调节压缩机频率至 15Hz，观察入口压力及放空阀是否开启。

(2) 待入口放空阀完全开启，机组空载运行 3~5min，打开压缩机入口补液阀，关闭喷液阀。

(3) 按停机按钮停机，关闭补液阀，关闭压缩机进、出口阀，打开机组排污阀排污。

(4) 停压缩机润滑油系统、水冷却系统。

(5) 压缩机停机后手动盘车 3~5 圈。

(6) 切断控制面板电源，并做好相应记录。

(7) 填写记录。

4. 考核规定说明

(1) 如发现操作过程中可能发生重大违章(如人身伤害、环境污染、设备损坏等)，将终止操作。

(2) 考核采用百分制，考核项目得分按鉴定比重进行折算。

(3) 考核方式说明：本项目为实际操作题，考核过程按评分标准及操作过程进行评分。

(4) 测量技能说明：本项目主要测试考生掌握日常螺杆压缩机启停操作熟练程度。

5. 考核时限

(1) 准备工作：1min(不计入考核时间)。

(2) 正式操作 30min。

(3) 提前完成操作不加分，到时终止操作考核。

6. 评分记录表

螺杆压缩机启停操作评分记录表

操作时间：30min　　考生：　　操作用时：

序号	考核内容	操作规程	评分要素	评分标准	配分	扣分	得分
1	准备	1. 穿戴好劳动保护用品； 2. 准备工具：开口扳手、F 扳手、对讲机、四合一检测仪、正压式呼吸器(硫化氢井站)、活动扳手、试电笔、绝缘手套、管钳、污油桶、手套、大布、笔、报表	工具、用具准备	1. 劳保穿戴不整齐扣 5 分； 2. 未准备工具扣 5 分，多、少一件扣 1 分； 3. 未检查四合一检测仪扣 5 分，少检查一项扣 2 分，不会校零操作扣 5 分； 4. 未检查正压式呼吸器扣 5 分，少检查一项扣 2 分； 5. 未检查试电笔扣 5 分，少检查一项扣 2 分； 6. 未检测绝缘手套扣 5 分，少检查一项扣 2 分	10		

续表

序号	考核内容	操作规程	评分要素	评分标准	配分	扣分	得分
2	启泵前检查	1. 检查螺杆压缩机原料气进口压力，检查远程控制柜电压在380V，检查仪表风压力在正常值； 2. 检查PLC控制盘上所有开关位置状态，将PLC控制屏调整至手动状态； 3. 检查润滑油液位、温度；口述：润滑油液位在1/2～2/3之间，润滑油温度低于10℃需要加温（低于10℃自动加温，高于20℃停止加温）； 4. 检查压缩机进水口的水源，确认有水后关闭补水阀，打开压缩机下部排液阀将水放掉，排完后立即将阀关闭； 5. 检查压缩机出口分离器水液位；口述：在1/4～1/2之间，如果低于设定值下限时打开补液阀补液； 6. 检查压缩机进、出口阀及旁通（或入口放空阀）开关状态，旁通（或入口放空阀）应为开状态；口述：盘车3～5圈，无卡阻，无异响	1. 检查相应设备； 2. 检查PLC控制盘状态 3. 检查润滑油状态； 4. 检查压缩机进口水源； 5. 压缩机出口分离器检查； 6. 检查压缩机流程	1. 未检查原料气压力、电源电压（口述电源电压在380V）、仪表风压力扣10分，少检查一项扣3分； 2. 不检查PLC控制盘状态扣5分，未调整控制屏至手动状态扣3分； 3. 未检查润滑油扣10分；少检查一项扣3分；不口述润滑油液位在1/2～2/3之间扣2分；不口述润滑油温度低于10℃自动加温，高于20℃停止加温扣2分； 4. 未检查压缩机进口水源扣5分，未进行排液操作扣15分； 5. 未检查压缩机出口分离器水位扣5分，未口述液位在1/4～1/2之间扣2分，未口述液位低于下限值开补液阀补液扣3分； 6. 未检查压缩机流程此项不得分，未盘车扣10分，未口述扣5分，少一项扣2分	25		
3	启机	1. 导通润滑油流程，启动润滑油油泵，建立油压（压力控制在0.3～0.4MPa），启动润滑油空冷器并调节控制油温（变频控制），预润滑运行正常； 2. 正确使用试电笔和绝缘手套；闭合控制柜“总电源”转换开关，给控制柜送电；闭合控制柜“24V电源”转换开关，给PLC触摸屏送电，此时“电源”指示灯亮； 3. 检查PLC触摸屏上是否有报警信号，如有则先处理故障（口述方法：根据复位→检查报警→复位）；	1. 启动润滑油系统； 2. 控制柜送电； 3. 检查“PLC”报警型号；	1. 未启动润滑油系统此项不得分，未口述：润滑油压力控制范围扣5分，未启动润滑油空冷器扣5分（口述变频控制启动）； 2. 未用试电笔确定控制柜扣10分，未戴绝缘手套进行控制柜操作扣10分； 3. 未检查PLC触摸屏有无报警信号扣10分，未口述如何清楚报警故障扣5分； 4. 未检查周围无障碍物启泵扣10分，启机前未通知中控室扣10分；不会操作控制柜开关此项不得分；一次启动不成功扣10分；未打开补液阀扣5分，未口述压缩机空载运行3～5min扣5分；	35		

续表

序号	考核内容	操作规程	评分要素	评分标准	配分	扣分	得分
3	启机	4. 检查机泵周围无障碍物，将PLC控制屏调整至手动状态，按下控制柜启动按键，启动主电机同时打开压缩机补液阀，空载运行3~5min； 5. 根据压缩机入口压力手动调整压缩机频率，控制入口压力在正常工作范围值内，缓慢关闭旁通阀旁通(或入口放空阀)使压缩机出口压力达到生产值； 6. 启动工艺空冷器；口述：机组运行正常后，操作人员必须在现场四周巡回检查15min，待机组平稳后方可离开； 7. 机组正常运行后检查各连接部位有无渗漏； 8. 记录压力、温度参数	4. 启泵空载运行； 5. 调整压缩机状态	5. 不会调整压缩机频率，此项不得分； 6. 压缩机运转正常后，未启动工艺空冷器扣10分(口述)；未悬挂“运行”标识牌扣2分，未口述压缩机运行检查15min扣5分，未检查润滑油液位、压力扣10分，少检查一项扣5分； 7. 运转状态下未检查各法兰、阀门连接处有无渗漏，一处扣2分； 8. 未记录各压力、温度点参数，一处扣2分	35		
4	停机操作	1. 验电后打开控制柜，将PLC控制屏调整至手动状态，手动缓慢调节压缩机频率至15Hz，观察入口压力及放空阀是否开启； 2. 待入口放空阀完全开启，机组空载运行3~5min，打开压缩机入口补液阀，关闭喷液阀； 3. 按停机按钮停机； 4. 关闭补液阀，关闭压缩机进出口阀，打开机组排污阀排污； 5. 停压缩机润滑油系统、水冷却系统； 6. 压缩机停机后手动盘车；口述：盘车3~5圈，无卡阻，无异响； 7. 切断控制面板电源，悬挂“停运”标识牌，并做好相应记录	1. 调整压缩机频率； 2. 压缩机检查； 3. 停泵，切换流程	1. 未用试电笔确定控制柜是否漏电扣10分，未戴绝缘手套进行控制柜送电操作，一处扣10分；未将PLC控制屏调整至手动状态扣10分；未调整压缩机频率直接按停机按钮，此项不得分； 2. 放空阀未完全开启扣10分，空压机未空转3~5min扣10分；未打开压缩机入口补液阀扣5分，未关闭喷液阀扣2分； 3. 未按停机按钮停机此项不得分； 4. 未关闭压缩机进出口控制阀及补液阀门一处扣2分； 5. 未停润滑油系统和水冷却系统扣10分，少一项扣5分；未打开排污阀扣5分； 6. 不盘车扣10分；未口述扣2分，少一项扣1分； 7. 未切断控制面板电源扣5分，未悬挂“停运”标识牌扣2分； 8. 未做相关记录扣5分	25		

续表

序号	考核内容	操作规程	评分要素	评分标准	配分	扣分	得分
5	清理场地，填写报表	清洁现场，收拾工具，做好相应记录	记录参数，填写数据	1. 字迹不清晰一处扣 1 分； 2. 涂改一处扣 1 分； 3. 漏填、少填一处扣 2 分	5		
6	安全文明操作	1. 遵守国家或企业有关安全规定； 2. 操作过程中严格遵守“四不伤害”原则	遵守国家或企业有关安全规定	1. 每违反一项规定，从总分中扣 5 分； 2. 因操作不当造成人身伤害，从总分中扣 20 分； 3. 严重违规、流程憋压，取消考核资格； 4. 不正确使用工具、用具，扣分项在安全文明操作项内扣除，一次扣 2 分，最多扣 20 分			
备注							
合　计					100		

考评员：　　　　核分员：　　　　年　月　日

四十八、检测防腐装置操作

1. 考核要求

(1) 必须穿戴劳动保护用品。
(2) 工具、量具、用具准备齐全，正确使用。
(3) 操作规程符合安全文明操作。
(4) 按规定完成操作项目，质量达到技术要求。
(5) 操作完毕，做到“工完、料净、场地清”。

2. 准备要求

(1)设备准备：

序　号	名　称	规　格	数　量	备　注
1	腐蚀挂片装置		1套	带压取放

(2)材料准备：

序　号	名　称	规　格	数　量	备　注
1	大布		若干	
2	手套		若干	
3	报表		1张	
4	笔		1支	
5	密封脂		1桶	
6	密封圈		若干	同型号
7	腐蚀挂片		若干	符合检测要求
8	密封端盖		1个	同型号
9	排污桶		1个	

(3)工具、用具准备：

序　号	名　称	规　格	数　量	备　注
1	四合一气体检测仪		1台	
2	正压式呼吸器		1套	含硫化氢管线
3	防护眼镜		1套	
4	开口扳手		1套	
5	勾头扳手		1把	配套专用
6	平口起子		2把	150mm

3. 操作程序说明

1）检查工具、用具、量具

（1）检查各工具、用具及量具的可用性，须符合本次操作使用要求。

（2）按正压式空气呼吸器检查标准检查。

（3）检查四合一检测仪有无合格证、校验标签是否在有效期内，是否有归零检测。

2）检查腐蚀挂片装置、操作

（1）检查腐蚀挂片装置在线运行工况、各连接部位无松动。

（2）检查腐蚀挂片装置无渗漏。

（3）检查腐蚀挂片装置取放空间。

（4）检查腐蚀挂片装置压力表在有效期内，量程在1/3～2/3之间，铅封是否完好，表壳有无破损裂痕，刻度是否清晰，指针有无松动现象。

（5）检查腐蚀挂片装置取放腔压力值。

（6）佩戴防护眼镜，操作腐蚀挂片装置提升取放器，关闭控制阀门。

（7）腐蚀挂片装置取放腔泄压、松开锁母，拆下取放器及挂片。

（8）口述按照要求存放检测挂片并送检。

（9）检查更换锁母密封圈。

（10）依据检测要求安装新挂片至取放器，拧紧锁母（若不需安装挂片，需安装密封端盖）。

（11）取放腔缓慢充压试漏。

（12）打开控制阀，压下取放器、放置到位。

（13）观察有无渗漏，清理现场。

3）填写报表

记录更换位置、操作人员、时间、型号、用料，填写字迹应正确、完整、清晰、无涂改。

4. 考核规定说明

（1）如发现操作过程中可能发生重大违章（如人身伤害、环境污染、设备损坏等），将取消操作。

（2）考核采用百分制，考核项目得分按鉴定比重进行折算。

（3）考核方式说明：本项目为实际操作题，考核过程按评分标准及操作过程进行评分。

（4）考评技能说明：本项目主要测试考生对腐蚀挂片装置操作技能掌握的熟练程度。

5. 考核时限

（1）准备工作：1min（不计入考核时间）。

（2）正式操作时间：15min。

（3）提前完成操作不加分，到时终止操作考核。

6. 评分记录表

检测防腐装置操作评分记录表

操作时间：15min　　考生：　　操作用时：

序号	考核内容	操作规程	评分要素	评分标准	配分	扣分	得分
1	准备	1. 穿戴好劳动保护用品； 2. 准备工具：四合一气体检测仪、正压式呼吸器(硫化氢井站)、防护眼镜、取放器、勾头扳手、密封圈、腐蚀挂片、开口扳手、平口起子、密封脂、排污桶、报表、笔、大布、手套	准备工具、量具、用具	1. 劳保穿戴不整齐扣5分； 2. 未准备工具扣5分，多、少一件扣1分； 3. 未准备个人防护器材(呼吸器、检测仪)终止操作； 4. 未准备挂片取放工具，一件扣2分	10		
2	检查腐蚀挂片装置操作	1. 检查腐蚀挂片装置在线运行工况、各连接部位无松动 2. 检查腐蚀挂片装置无渗漏； 3. 检查腐蚀挂片装置取放空间； 4. 检查腐蚀挂片装置压力表在有效期内，量程在1/3~2/3之间，铅封是否完好，表壳有无破损裂痕，刻度是否清晰，指针有无松动现象； 5. 检查腐蚀挂片装置取放腔压力值； 6. 佩戴防护眼镜，操作腐蚀挂片装置提升取放器，关闭控制阀门； 7. 腐蚀挂片装置取放腔泄压、松开锁母，拆下取放器及挂片； 8. 口述按照要求存放检测挂片并送检； 9. 检查更换锁母密封圈； 10. 依据检测要求安装新挂片至取放器，拧紧锁母(若不需安装挂片，需安装密封端盖)； 11. 取放腔缓慢充压试漏； 12. 打开控制阀，压下取放器、放置到位； 13. 观察有无渗漏	1. 操作前检查； 2. 按规程操作	1. 检查少一项扣2分； 2. 未检查腐蚀挂片装置取放空间扣10分； 3. 未检查压力表扣5分； 4. 未检查腐蚀挂片装置取放腔压力值扣10分； 5. 未佩戴防护眼镜扣20分； 6. 未关闭控制阀进行泄压扣20分； 7. 未泄压直接拆锁母，终止操作； 8. 未口述扣10分； 9. 未检查更换锁母密封圈扣10分； 10. 未依据检测要求安装新挂片至取放器扣30分；未拧紧锁母扣10分； 11. 未缓慢冲压试漏扣5分； 12. 未打开控制阀，压下取放器扣10分；取放器未放置到位扣50分； 13. 未观察有无渗漏扣5分	70		

续表

序号	考核内容	操作规程	评分要素	评分标准	配分	扣分	得分
3	清理现场，填写报表	清洁现场，回收工具，记录参数	1. 按规范清洁现场； 2. 规范填写报表及记录	1. 未清洁现场扣5分，工具少回收一件扣1分； 2. 更换记录每缺一处扣3分； 3. 未做送检记录扣3分； 4. 记录字迹应正确、完整、清晰、无涂改，一处扣2分	20		
4	安全文明操作	1. 遵守国家或企业有关安全规定； 2. 操作过程中严格遵守"四不伤害"原则	遵守国家或企业有关安全规定	1. 每违反一项规定，从总分中扣5分； 2. 严重违规取消考核； 3. 因操作不当造成人身伤害，从总分中扣20分； 4. 因操作不当造成污染扣20分； 5. 不正确使用工具、用具，扣分项在安全文明操作项内扣除，一次扣2分，最多扣20分			
备注							
合计					100		

考评员： 核分员： 年 月 日

7. 报表

检测防腐装置报表

位置	更换前压力/MPa	更换部件	更换后压力/MPa	送检刮片编号	送检刮片放取日期	送检部门	备注

填表人： 填表日期：

四十九、污水沉降罐收油操作

1. 考核要求

(1) 必须穿戴劳动保护用品。
(2) 工具、量具、用具准备齐全，正确使用。
(3) 操作规程符合安全文明操作。
(4) 按规定完成操作项目，质量达到技术要求。
(5) 操作完毕，做到“工完、料净、场地清”。

2. 准备要求

(1) 设备准备：

序 号	名 称	规 格	数 量	备 注
1	污水沉降罐		1座	

(2) 材料准备：

序 号	名 称	规 格	数 量	备 注
1	大布		若干	
2	手套		若干	
3	笔		1支	
4	记录表		1张	

(3) 工具、用具准备：

序 号	名 称	规 格	数 量	备 注
1	硫化氢检测仪		1台	
2	正压式呼吸器		1套	硫化氢井(站)
3	对讲机		1部	
4	F扳手		1把	
5	量油尺	分度值1mm	1把	

3. 操作程序说明

1) 检查工具、用具、量具
(1) 检查各工具、用具的可用性，须符合本次操作使用要求。

（2）按正压式空气呼吸器检查标准检查。

（3）检查硫化氢检测仪有无合格证、校验标签是否在有效期内。

（4）检查量油尺有无合格证、是否符合安全要求、校验标签是否在有效期内、尺身无折扭刻度是否清晰，铜锤刻度是否清晰无划痕。

2）收油前检查

（1）检查沉降罐当前液位，测量油层厚度，选择好最佳收油工艺及液位。

（2）检查沉降罐进出口阀门、收油阀门、和排污、收油等阀门开关状态。

（3）检查液位计灵活、显示正确，好用。

（4）检查罐顶各呼吸阀、液压安全阀、阻火器及检尺孔应完好、无损，灵活好用；检查液压安全阀的油位高度是否保持在标尺刻度范围内。

（5）检查污油池液位，收油阀门及各机泵工作状态是否完好。

3）收油操作

（1）导通流程，缓慢打开收油阀门。

（2）关闭沉降罐出口阀门，憋液位，沉降罐出口阀门缓慢关闭。

（3）憋罐过程中随时观察液位计，其液位不得高过溢流液位。

（4）到达收油液位，开始缓慢开启沉降罐收油阀，控制液位稳定在合适的高度，控制好沉降罐进液量，液位尽保持在安全液面下工作。

（5）收油过程中要随时检查与沉降罐连接的所有法兰、人孔、阀门等有无渗漏。

（6）根据收油管线出油质量及时调整收油液位。

（7）根据污油池液位高度，启动污油泵打液。

4）停止收油操作

（1）开启沉降罐出口阀门，注意开启时一定缓慢开启，避免沉降罐内液体冲击后端设备，待沉降罐液位下降至正常生产液位时阀门全开。

（2）放液过程中随时观察后端设备。

（3）待液位恢复至正常液位后，关闭收油阀门。

（4）开启收油扫线阀门，扫线，期间检查与收油连接的所有法兰、阀门等有无渗漏。

（5）待收油看窗出口全部出水后，关闭扫线流程。

（6）检查流程所有阀门是否关闭。

（7）5min 内检查判断是否有液体继续流出。

4. 考核规定说明

（1）如发现操作过程中可能发生重大违章（如人身伤害、环境污染、设备损坏等），将终止操作。

（2）考核采用百分制，考核项目得分按鉴定比重进行折算。

（3）考核方式说明：本项目为实际操作题，考核过程按评分标准及操作过程进行评分。

（4）测量技能说明：本项目主要测试考生对沉降罐收油流程掌握的熟练程度。

5. 考核时限

(1) 准备工作：1min(不计入考核时间)。

(2) 正式操作：20min(2000m³ 以上的罐根据实际情况延长)。

(3) 提前完成操作不加分，到时终止操作考核。

6. 评分记录表

污水沉降罐收油操作评分记录表

操作时间：20min　　　　考生：　　　　操作用时：

序号	考核内容	操作规程	评分要素	评分标准	配分	扣分	得分
1	准备及检查	对讲机、硫化氢检测仪、正压式呼吸器(硫化氢井站)、手套、大布、笔、记录表、F扳手、量油尺	工具、用具准备	1. 工具、用具少一件，扣2分； 2. 未检查硫化氢检测仪扣10分，少检查一项扣2分； 3. 未检查正压式呼吸器扣10分，少检查一项扣2分	10		
2	收油前检查	1. 检查沉降罐当前液位，确认油层厚度，选择好最佳收油液位； 2. 检查沉降罐进、出口阀门、收油阀门、和排污、收油等阀门开关状态，处于备用； 3. 检查液位计应灵活、好用； 4. 检查罐顶各呼吸阀、液压安全阀、阻火器及检尺孔应完好、无损，灵活好用；检查液压安全阀的油位高度是否保持在标尺刻度范围内； 5. 检查老污油池、污泥池液位及机泵的工作状态是否完好	1. 污水罐内油层厚度情况； 2. 污水罐附件检查； 3. 污油池检查	1. 未检查罐内油层情况扣10分； 2. 未检查工艺附件扣8分，少检查一个扣2分； 3. 未检查液位计扣10分，少检查一项扣3分； 4. 未检查罐顶安全附件扣10分，少检查一项扣3分； 5. 未检查污油池液位，此项不得分； 6. 未检查污油池机泵运行情况扣5分	25		
3	收油操作	1. 倒通流程，缓慢打开收油阀门； 2. 关闭出口阀门，随时观察液位计，其液位高度不得超过沉降罐的安全高度； 3. 超过收油液位开始收油后，检查所有法兰、人孔、阀门等有无渗漏； 4. 根据收油时油水比例情况，随时调整收油液位，做好记录； 5. 记录沉降罐投用时间、收油液位等参数	1. 憋罐控制； 2. 收油后检查； 3. 调整收油高度； 4. 记录参数	1. 未打开收油阀此项不得分，收油阀未按要求缓慢开启扣5分； 2. 未观察沉降罐液位变化扣3分； 3. 收油后未观察法兰、人孔、阀门的渗漏情况，一处扣2分； 4. 未根据收油管线出液质量调整罐内液位扣5分； 5. 未记录扣5分，少一项扣2分	35		

续表

序号	考核内容	操作规程	评分要素	评分标准	配分	扣分	得分
4	收油停止操作	1. 缓慢开启沉降罐的出口阀门，液位至正常工作液位后全开出口阀门； 2. 收油后扫线； 3. 收油停止后及时观察污油池收油管线是否有液体继续流出	1. 切换流程； 2. 是否扫线； 3. 流程检查	1. 未打开沉降罐出口阀此项不得分，未按要求打开阀门扣5分； 2. 未扫线扣10分； 3. 未进行收油流程复查扣10分，少检查一项扣5分	25		
5	清理场地	1. 清理现场； 2. 回收工具		1. 未清理现场扣5分，工具少收或少清洁一件扣2分	5		
6	安全文明操作	1. 遵守国家或企业有关安全规定； 2. 操作过程中严格遵守“四不伤害“原则	遵守国家或企业有关安全规定	1. 每违反一项规定，从总分中扣5分； 2. 因操作不当造成人身伤害，从总分中扣20分； 3. 严重违规、流程憋压取消考核资格； 4. 不正确使用工具、用具，扣分项在安全文明操作项内扣除，一次扣2分，最多扣20分			
备注							
合　计					100		

考评员：　　　　核分员：　　　　年　月　日